工业和信息化普通高等教育
"十三五"规划教材立项项目

数据分析与应用新形态系列教材

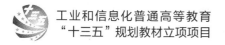

Excel Advanced Data Processing and Analysis

Excel
高级数据处理与分析

丁菊玲◎主编

刘炜 方玉明 廖述梅◎副主编

微课版

人民邮电出版社
北　京

图书在版编目（CIP）数据

Excel高级数据处理与分析：微课版 / 丁菊玲主编
. -- 北京：人民邮电出版社，2023.9（2024.6重印）
数据分析与应用新形态系列教材
ISBN 978-7-115-62324-9

Ⅰ. ①E… Ⅱ. ①丁… Ⅲ. ①表处理软件—教材
Ⅳ. ①TP391.13

中国国家版本馆CIP数据核字(2023)第135770号

内 容 提 要

本书由 Excel 数据处理与分析基础篇、基于 Excel 的数据分析综合应用篇、Excel 数据分析报告篇这 3 篇共 10 章组成。其中，Excel 数据处理与分析基础篇（第 1 章～第 5 章）从数据分析流程的视角介绍数据分析概述、数据获取与数据预处理、数据管理、数据处理与分析、数据可视化，并贯穿 Excel 基础内容，包括 Excel 基本数据表操作、数据管理、数据验证、图表、分类汇总、透视分析、数据处理函数、规划求解等；基于 Excel 的数据分析综合应用篇（第 6 章～第 9 章）主要介绍基于 Excel 实现数据分析的综合应用，包括员工工资统计分析、企业投资决策分析、调查问卷回归分析和企业客户价值分析；Excel 数据分析报告篇（第 10 章）主要以南昌市天气数据分析为例，介绍基于 Excel 实现数据分析的全流程以及根据数据分析过程和结果撰写数据分析报告。本书使用简明的语言、清晰的步骤和丰富的实例，详细介绍数据分析流程。

本书配有 PPT 课件、教学大纲、电子教案、实例和实训素材、实例和实训答案、课后习题答案等教学资源，用书老师可在人邮教育社区免费下载使用。

本书可作为高等院校相关课程的教材，也可作为相关培训机构的培训书，还可作为对数据处理与分析感兴趣的读者的自学读物。

- ◆ 主　　编　丁菊玲
  　副 主 编　刘　炜　方玉明　廖述梅
  　责任编辑　王　迎
  　责任印制　李　东　胡　南
- ◆ 人民邮电出版社出版发行　　北京市丰台区成寿寺路 11 号
  　邮编　100164　　电子邮件　315@ptpress.com.cn
  　网址　https://www.ptpress.com.cn
  　北京天宇星印刷厂印刷
- ◆ 开本：787×1092　1/16
  　印张：11.75　　　　　　　　2023 年 9 月第 1 版
  　字数：313 千字　　　　　　2024 年 6 月北京第 4 次印刷

定价：49.80 元

读者服务热线：(010)81055256　印装质量热线：(010)81055316
反盗版热线：(010)81055315
广告经营许可证：京东市监广登字 20170147 号

党的二十大报告指出：实施科教兴国战略，强化现代化建设人才支撑。在当前大数据技术发展的背景下，大数据是资源，利用大数据所积累的信息能够找出网民的情绪与宏观经济的关联，利用顾客的购物行为可以分析顾客类型，利用企业交易行为可以建立诚信记录，利用历史统计的规律能预测未来。大数据思维可以应用到宏观经济管理、制造业、农业、商业、交通运输、城市管理等行业和领域。

党的二十大报告指出：加强基础学科、新兴学科、交叉学科建设。2023 年 4 月，"新文科建设理论与实践论坛"顺利召开。论坛指出，教育数字化背景下的新文科建设，应突破传统文科的思维模式，以继承与创新、交叉与融合、协同与共享为主要途径，促进多学科交叉与深度融合，从而推动传统文科的更新升级。对新文科教育而言，数字化不仅是实现工具，更是推进理念更新的强大动力。

与传统思维不同，大数据思维认为世界是不确定的，要从 4 个方面指导实践。第一个方面，万事万物皆可数据化，大数据推动事物的发展和演变，将生活的方方面面囊括其中；第二个方面，数据的复杂多样强调数据的多源多样而非精确，接受不精确的数据，挖掘新信息、新知识，数据越多样，其价值越大；第三个方面，过去数据分析强调抽样，而大数据思维则要求有尽可能多的数据，在大量数据中挖掘和分析，预测结果并得出结论；第四个方面，大数据创造的价值在于解决更多的问题，站在相关关系的角度上更多地回答"是什么"的问题，淡化早期对"为什么"的追究。

在大数据时代，首要问题并不是数据的获取，而是挖掘数据并获取隐藏在数据背后的信息和知识，从而解决实际问题、创造新的价值。用大数据思维指导实践，引导学生在逐步积累经验的过程中形成个人独特的思维方式。财经类高校各专业面临的大数据应用非常普遍，学会用大数据思维解决财经领域的问题是当前的热点，也是高校学生必须掌握的本领。

本书针对财经专业人才培养的实际需求和存在的突出问题，以当前广泛流行并能满足专业需求的 Excel 为工具，探索解决问题和处理与分析数据的方法。

本书主要内容涉及数据处理和分析的基本概念、基本原理和主要方法。本书全面讲解 Excel 在数据的组织、管理、处理与分析等方面的功能与实际应用，重点介绍使用 Excel 实现数据的处理和分析的基本方法和步骤。本书主线为数据分析概述、数据获取与数据预处理、数据管理、数据处理与分析、数据可视化、财经领域数据分析综合应用。读者可以掌握基于 Excel 的数据处理与分析全流程，全面培养逻辑思维、形象思维、批评性思维、大数据思维和大数据分析思维。

本书的主要特点如下。

（1）介绍包含数据获取、数据预处理、数据处理与分析、数据可视化、数据分析报告撰写等在内的数据分析全流程，用理论结合实际，帮助读者解决实际问题。

（2）基于财经学校特色介绍 Excel 数据分析的工具和方法。

（3）以求解实际问题为基础，融合 Excel 数据分析的各种技能。

（4）配套资源丰富，提供了微课视频、思维导图、实验数据、实训数据等，可使读者快速上手，大幅提升学习效率。

（5）综合运用数据处理和分析技术，重点介绍财经领域数据综合处理与分析技能。

本书获得江西财经大学 2022 年"信毅教材大系"第二期教材资助。本书的顺利出版要感谢团队各成员的付出，感谢江西财经大学信息管理学院信息管理系各位同事的帮助，尤其是周萍教授、李圣宏副教授；也感谢周鸿浩、王景洵、罗正熙、俞太平、彭雨莲、林佳葳、徐传波、杨卓等提供的帮助。

由于编者水平有限，书中难免有不妥之处，恳请广大读者批评指正。

编者

目录

第一篇　Excel 数据处理与分析基础篇

第二篇　基于 Excel 的数据分析综合应用篇

第三篇　Excel 数据分析报告篇

第一篇　Excel 数据处理与分析基础篇

第 1 章　数据分析概述

数据分析可以提高工作效率。当在工作中碰到大数据时，我们不仅需要耗费大量的时间和精力对其进行分类与归纳，还需要在分类与归纳的数据中找出数据之间的内在关系，而寻找关系就需借助数据分析。有了数据分析，可以将数据之间的关系以其他方式表现出来，如通过图表的变化关系来阐述数据之间的关系，通过数据分析工具来找到数据之间的内在规律。数据分析让数据变得可视化，更利于工作人员记住，更益于工作人员进行分类，这样就会使各项工作进行得更加清晰、有条理。

▰ 本章学习目标

1. 了解数据的定义。
2. 熟悉数据分析的定义、数据分析方法、数据分析类型以及数据分析流程。
3. 了解 Excel 的主要功能以及 Excel 在数据分析方面提供的功能。
4. 掌握 Excel 工作表的新建、删除、打印等基本操作。

1.1　数据分析基础

了解数据分析的基础知识才能更好地掌握数据分析。针对不同的数据采取最佳的数据分析模型和方法，这样才能提高数据分析的效率和准确性，使数据分析的结果让人信服。

1.1.1　数据的定义

数据是指以某种形式表示的信息或事实，通常用于分析、研究和决策。数据可以是数字、文字、图像、声音等形式，包括结构化数据和非结构化数据。数据的价值在于通过对其的分析可以发现关联、趋势和模式，从而得出有用的结论。数据广泛应用于各个领域，包括商业、医疗、科学研究等。

数据也称为观测值，是实验、测量、观察、调查等的结果。数据分析中所处理的数据分为定性数据和定量数据。只能归入某一类而不能用数值进行测度的数据称为定性数据。定性数据中表现为类别，但不区分顺序的是定类数据，如性别、品牌等；定性数据中表现为类别，但区分顺序的是定序数据，如学历、商品的质量等级等。定量数据是可以被量化和测量的数据，通常表示为数字。例如，人口数量、收入水平、温度等都属于定量数据。定量数据可以用于数学统计和分析，进而推导出相关规律和结论。我们可以采用统计学、数学、经济学等方法对定量数据进行分析和预测，从而为决策提供科学依据。

数据有不同的结构、格式和类型，包括以下几种。

大数据：大数据被定义为随时间呈指数级增长的巨大数据集。大数据的 4 个基本特征是容量（Volume）、多样性（Variety）、高速（Velocity）和价值（Value）。Volume 描述数据的大小；Velocity 指数据增长的速度；Variety 表示不同的数据源；Value 反映了数据的质量，决定了数据是否能提供业务价值。

结构化数据和非结构化数据：结构化数据是一种预定义的数据模型，如传统的行-列数据库；非结构化数据不适合以行和列的形式表现，包括视频、照片、音频、文本等。结构化数据与非结构化数据的比较表明，结构化数据更容易管理和分析。

元数据：元数据是描述和提供关于其他数据信息的一种数据形式。例如，图像的元数据可以包括作者名、图像类型和创建的日期。元数据使用户能够将非结构化数据组织到类别中，使其更易于使用。

实时数据：获得后立即呈现的数据称为实时数据。当决策需要最新的信息时，这种类型的数据很有用。例如，股票经纪人可以使用股票市场报价器实时跟踪最活跃的股票。

机器数据：得益于物联网（Internet of Things，IoT）、传感器和其他技术，工厂系统和其他机器、信息技术和电信基础设施、智能汽车、手持设备等都可以自动生成数据，这种类型的数据被称为机器数据，因为它完全是由机器产生的，没有人的指导。

1.1.2 数据分析的定义

数据分析（Data Analysis）是检查数据集的过程，目的是发现趋势，并从其包含的信息中得出结论。越来越多的数据分析是在专门的系统和软件的帮助下完成的。数据分析技术广泛应用于商业行业，使相关人员能够做出更明智的业务决策。科学家和研究人员还使用分析工具来验证或推翻科学模型、理论和假设。不同的学者根据数据分析的各种功能和各种特征从多个角度对数据分析进行了定义。

维基百科对数据分析的定义是：数据分析是一个检查、清洗、转换和建模数据的过程，目的是发现有用的信息，为结论提供依据，并支持决策。数据分析有多个方面和方法，包括不同名称下的各种技术，并用于不同的商业和科学领域。在当今的商业领域中，数据分析在做出更科学的决策和帮助企业更有效地运营方面发挥着重要作用。

统计学家约翰·图基（John Tukey）在 1961 年将数据分析定义为：分析数据的程序，解释此类程序结果的技术，计划收集数据以使其分析更容易、更精确或更准确的方法，以及适用于分析数据的（数学）统计的所有机制和结果。他认为数据分析指用适当的统计、分析方法对收集来的大量数据进行分析，将它们加以汇总，以求最大化地开发数据的功能，发挥数据的作用。数据分析是为了提取有用信息和形成结论而对数据加以详细研究和概括总结的过程。

还有学者认为数据分析是一种技能，它涉及从大量数据中提取有意义的信息。数据分析是指使用各种技术和工具来处理大量数据，以揭示隐藏在其中的结构、模式和趋势，从而帮助人们做出更准确、更有洞察力的决策。数据分析涉及多个领域，包括统计学、计算机科学、机器学习、数据挖掘、商业智能等，它可以用于各种类型的数据，包括结构化数据、半结构化数据[①]和非结构化数据。在当今数据"爆炸"的时代，数据分析成为各个行业的必备技能之一，它可以帮助企业发现商机，优化业务流程，提高效率，降低成本，增加收益。

数据分析是数学与计算机科学相结合的产物。数据分析的数学基础在 20 世纪早期就已确立，

---

① 半结构化数据是指既不完全符合结构化数据的规则，也不完全是非结构化数据的数据，如 XML、JSON、HTML 等。

但计算机的出现才使实际操作成为可能，并使数据分析得以推广。

数据本身并没有什么价值，有价值的是从数据中提取出来的信息。准确来讲，从数据到信息的这个转换过程就是数据分析，如图 1-1 所示，数据分析的主要目的是解决现实中的某个问题或者满足现实中的某个需求。

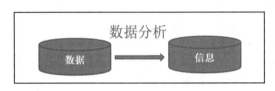

图 1-1 数据分析的定义

1.1.3 数据分析方法

进行具体的数据分析之前，需要具有数据的意识，就是能想到用数据来处理问题，意识到用数据来进行推断是一种重要的思维方式，从而体会到数据中是蕴含着信息的。所以要经历收集数据、描述数据、分析数据的过程，即数据处理的过程，把信息提取出来。

数据分析方法和技术对在数据（如度量、事实和数字）中寻找见解非常有用。

主要的数据分析方法有以下几种。

（1）文本分析

文本分析（也称为文字分析或数据挖掘）使用具有自然语言处理的机器学习方法对文本数据进行处理，从而可以获取有价值的发现或见解。文本分析法可以用于提取文本中的关键信息、理解文本的意义、发现文本中的规律等。在应用文本分析法时，需要注意文本的质量和类型，选择合适的分析方法和模型，对分析结果进行解释和评价，以及考虑应用场景和分析目标等。

（2）统计分析

统计分析包括数据的收集、分析、解释、表示和建模。它会分析一组数据或一个数据样本，这类分析有两类——描述性分析和推论分析。

描述性分析：分析完整的数据或汇总的数值数据的样本。它显示的是连续数据的平均值和偏差、分类数据的百分比和频率。

推论分析：从完整的数据中分析样本。在这种类型的分析中，通过选择不同的样本，可以从相同的数据中得出不同的结论。

（3）诊断分析

诊断分析显示"为什么会发生"，通过从统计分析发现的问题中找到原因。这种分析有助于识别数据的行为模式。如果业务流程中出现了一个新问题，那么可以查看此分析结果以找到该问题的类似模式。后面可能有机会对新问题使用类似的方法进行诊断。

（4）预测分析

预测分析通过使用以前的数据来显示"可能发生的事情"。最简单的数据分析例子是，去年用积蓄买了两件衣服，如果今年工资涨了一倍，那么可以买 4 件衣服。当然，这样做并不容易，因为必须考虑其他情况，如今年衣服的价格可能会上涨，或者可能今年的需求是一辆新自行车而不是衣服，所以预测分析是基于当前或过去的数据对未来的结果进行预测。预测只是一种估计，它的准确性基于有多少详细的信息，以及在其中挖掘了多少信息。

（5）规范性分析

规范性分析用于探索过去事件和未来结果之间的关系，帮助读者确定当下应该采取什么行动。大多数数据驱动型公司都在使用规范性分析。例如，一个公司的利润意外地激增或下滑，描述性和诊断性分析可以帮助该公司确定原因，预测性分析将帮助该公司判断这种趋势在未来是否会延续，规范性分析则将帮助该公司确定接下来的行动步骤，利用机会并降低风险。

1.1.4　数据分析的类型

数据分析是利用数据来发现有用信息和支持决策的过程。根据分析的目的和方法，数据分析可分为不同的类型。以下是一些常见的数据分析类型。

（1）探索性数据分析和验证性数据分析

在统计学领域，有些人将数据分析划分为**探索性数据分析（Exploratory Data Analysis，EDA）**以及**验证性数据分析（Confirmatory Data Analysis，CDA）**。其中，EDA 侧重于在数据中发现新的特征，发现数据中的模式和关系；而 CDA 则侧重于已有假设的证实或证伪，以确定关于数据集的假设是真还是假。EDA 经常被比作侦探工作，而 CDA 则类似于法庭审判中法官或陪审团的工作——这一区别最早由统计学家约翰·图基在他 1977 年出版的《探索性数据分析》一书中提出。

（2）定量数据分析和定性数据分析

数据分析也可以分为**定量数据分析**和**定性数据分析**。定量数据分析涉及对具有可量化变量的数值数据的分析。这些变量可以用统计方法进行比较或测量。定性数据分析更具解释性，它侧重于理解非数字数据的内容，如文本、图像、音频和视频，以及常用短语、主题和观点。

定性数据分析又称为"定性资料分析""定性研究""质性研究资料分析"，是指对诸如词语、照片、观察结果之类的非数值型数据（或者说资料）进行分析。定性数据描述的是典型的非数值信息。定性数据分析涉及使用唯一标识符（如标签和属性）和分类变量（如统计数据、百分比和度量）。数据分析师在进行定性数据分析时，可以运用多种方法来收集和分析数据。这些方法包括进行参与式观察，进行访谈，组织焦点小组，以及审查相关文档和工件。通过参与式观察方法，数据分析师可以直接观察和记录研究对象的行为、态度和环境。访谈则提供了与被调查者交流的机会，以深入了解他们的观点、经验和见解。焦点小组则通过组织一组参与者的讨论来获取不同观点和意见，从而提供更全面的数据。此外，审查文档和工件可以提供额外的信息和背景知识，帮助数据分析师更好地理解和解释数据。综合运用这些方法，数据分析师可以获得更准确、全面的定性数据，并从中提取有价值的见解和结论。定性数据分析可用于各种业务流程。例如，定性数据分析通常是软件开发过程的一部分。软件测试人员记录 bug——从功能错误到拼写错误，以确定预先确定的级别：从严重到低。收集到的数据可以提供帮助，以改进最终产品。

定量数据分析涉及数字变量，包括统计数据、百分比、测量和其他数据，因为定量数据的本质是数值化的。定量数据分析技术通常包括使用算法、数学分析工具和软件来操作数据并揭示业务价值的见解。

例如，财务数据分析师可以更改公司 Excel 资产负债表上的一个或多个变量，以预测雇主未来的财务业绩。定量数据分析也可以用来评估市场数据，帮助公司为其新产品设定有竞争力的价格。

（3）在线数据分析和离线数据分析

在线数据分析也称为联机分析处理，用来处理用户的在线请求，它对响应时间的要求比较高（通常不超过几秒）。与离线数据分析相比，在线数据分析能够实时处理用户的请求，允许用户随时更改分析的约束和限制条件，但其能够处理的数据量要小得多。但随着技术的发展，当前的在线数据分析系统已经能够实时地处理数千万条甚至数亿条记录了。

传统的在线数据分析系统构建在以关系数据库为核心的数据仓库之上，而在线大数据分析系统构建在云计算平台的 NoSQL 系统上。如果没有大数据的在线分析和处理，则无法存储和索引数量庞大的互联网网页，就不会有当今的高效搜索引擎，也不会有构建在大数据处理基础上的微博、博客、社交网络等的蓬勃发展。

离线数据分析用于较复杂和较耗时的数据分析和处理，一般构建在云计算平台之上，如开源的 HDFS 和 MapReduce 运算框架。Hadoop 机群包含数百台乃至数千台服务器，存储了数 PB 乃至数十 PB 的数据，每天运行着成千上万的离线数据分析作业，每个作业处理几百 MB 到几百 TB 甚至更多的数据，运行时间为几分钟、几小时、几天甚至更长。

（4）高级数据分析

高级数据分析包括数据挖掘、预测分析、机器学习、大数据分析及文本挖掘，它涉及对大型数据集进行分析，以确定趋势、模式和关系。数据挖掘是一种特殊的数据分析技术，专注于统计建模和知识发现，用于预测而不是纯粹地描述目的。预测分析试图预测客户行为、设备故障和其他未来的业务场景和事件。机器学习也可以用于数据分析，通过运行自动算法，在数据集中快速移动，比数据科学家通过传统分析建模所用的时间更少。大数据分析将数据挖掘、预测分析和机器学习应用于数据集，这些数据集可以包括结构化数据、非结构化数据和半结构化数据。文本挖掘提供了一种分析文档、电子邮件和其他基于文本的内容的方法。

1.1.5 数据分析流程

数据分析流程大体上是使用适当的应用程序或工具收集信息，探索数据并找到其中的模式。根据这些信息和数据，可以做出决定，也可以得到最终的结论。

数据分析包括以下几个阶段。

（1）分析需求

要考虑为什么要做这个数据分析，即找出分析数据的目的。在这个阶段，必须决定要进行哪种类型的数据分析，必须决定要分析什么以及如何度量它，必须理解为什么要进行调查以及为什么要使用这个度量来进行分析。

（2）收集数据

在分析需求之后，清楚地知道了必须度量什么，以及发现了应该是什么。现在是时候根据需求收集数据了。一旦收集了数据，请记住必须对收集的数据进行处理或组织，以便进行分析。当从各种来源收集数据时，必须记录一个日志，其中包含收集日期和数据来源。

（3）数据清洗

现在，无论收集到了什么数据，都可能对分析目标没有帮助或无关紧要，因此应该对其进行清洗。所收集的数据可能包含重复数据、空白数据或错误数据。数据应该是干净和无错误的。这个阶段的工作必须在分析之前完成，因为进行数据清洗后，分析结果将更接近预期结果。

（4）数据分析

收集、清洗之后，就可以进行分析了。当操作数据时，可能会发现拥有所需的确切信息，或者可能需要收集更多的数据。在这个阶段，可以使用数据分析工具和软件，它们将帮助我们理解、解释数据并根据需求得出结论。

（5）阐明结果

分析完数据后，是时候阐明结果了。阐明结果可以选择表达或交流数据分析的方式，也可以简单地使用文字，还可以使用表格或图表。然后使用数据分析过程的结果来决定最佳的行动方案。

（6）数据可视化

数据可视化在日常生活中非常常见。它们经常以图表的形式出现。换句话说，用图表来展示数据，人脑更容易理解和处理。数据可视化通常用于发现未知的事实和趋势。通过观察关系和比较数据集，可以找到一种发现有意义信息的方法。

数据分析的基本流程包括明确目的、数据收集、数据处理、数据分析、数据展现和报告撰写。后面章节中将详细介绍其中的每一个步骤，这些步骤构成了本书主要的逻辑结构。这里简单介绍数据分析的 5 个基本步骤。

明确目的： 在着手处理数据之前，需要先确定为什么需要它。例如，顾客对品牌的认知是什么？什么样的包装对潜在客户更有吸引力？一旦列出了问题，就为下一步做好了准备。

数据收集： 收集所需数据时要定义将使用哪些信息源以及如何使用它们。数据的收集可以采用不同的方式，如内部或外部来源、调查、访谈、问卷调查、焦点小组等。这里需要注意的是，在定量和定性场景中，收集信息的方法是不同的。

数据处理： 一旦有了必要的数据，就可以对数据进行预处理，其中，重要的一个环节是数据清洗。数据清洗等预处理工作是在为数据分析做准备。并不是收集的所有数据都是有用的，当收集大量不同格式的数据时，很可能会发现数据是重复的或数据格式不对。为了避免这种情况，在开始处理数据之前，需要确保已删除任何空白、重复或格式错误的数据。通过这种方式，可以避免不正确的数据影响数据分析质量。

数据分析： 在各种技术（如统计分析、回归、神经网络、文本分析等）的帮助下，可以开始分析和操作数据，以提取相关结论。在这个阶段，将发现趋势、相关性、变化和模式，这些信息可以帮助回答在前面阶段列出的问题。市场上的各种技术可以帮助研究人员和普通业务用户管理他们的数据，如商业智能和可视化软件、预测分析、数据挖掘等。

数据展现与报告撰写： 最后，但同样重要的是解释数据分析的结果。这个阶段是研究人员根据研究结果提出行动方案的阶段。例如，在这个阶段会明白客户是喜欢红色的包装还是喜欢绿色的包装，是喜欢塑料还是喜欢纸等。此外，在这个阶段，还可以找到一些限制并加以改进，有时候甚至能找到一些很有意义的信息。

综上所述，数据分析的基本流程如图 1-2 所示。

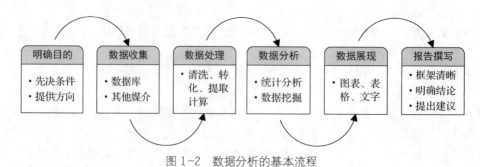

图 1-2　数据分析的基本流程

1.2　Excel 数据分析

Excel 是日常办公中使用最为频繁的软件之一，同时它也具有强大的数据分析能力。很多人都忽视了可以直接使用 Excel 进行数据分析。

1.2.1　Excel 简介

Microsoft Excel 是 Microsoft 为使用 Windows 系统和 macOS 的计算机编写的一款电子表格软件。该软件是由一系列的列和行组成的，这些行和列形成一个个格子，一个格子就是一个单元格，单元格可以存储文本、数字、公式等元素。

Excel 作为应用广泛的数据处理和分析软件之一，简单易学、功能强大，广泛应用于财会、审计、营销、统计、金融、工程、管理等各个领域。使用 Excel 不仅可以高效、便捷地完成各种数据的整理与计算，还可以通过单变量求解、规划求解、方案管理器、分析工具等功能对数据进行统计与分析，进行科学发展趋势的预测等。

1.2.2　Excel 主要功能

Excel 主要具有以下功能。

1. 数据记录与整理

孤立的数据包含的信息量太少，而面对过多的数据我们又难以厘清头绪，将它们制作成表格是进行数据管理的重要手段。一个 Excel 文件中可以存储许多独立的表格，可以把一些不同类型但是有关联的数据存储到一个 Excel 文件中。这样不仅方便整理数据，还方便查找和应用数据。后期还可以对具有相似表格框架、相同性质的数据进行合并与汇总。

将数据存储到 Excel 后，可以使用其围绕表格制作与使用而开发的一系列功能（大到表格视图的精准控制，小到一个单元格格式的设置）。例如，需要查看或应用数据，可以利用 Excel 提供的查找功能快速定位到需要查看的数据；可以使用条件格式功能快速找出表格中具有指定特征的数据，而不必用肉眼逐个识别；也可以使用数据有效性功能限制单元格中可以输入的内容；对于复杂的数据，还可以使用分级显示功能调整表格的阅读方式，这样既能查看明细数据，又可获得汇总数据。

2. 数据加工与计算

现代办公对数据的使用不仅是存储和查看，很多时候需要对现有的数据进行加工和计算。例如，每个月公司会核对当月的考勤情况、核算当月的工资、计算销售数据等。在 Excel 中主要应用公式和函数等功能来对数据进行计算。

3. 数据统计与分析

要从大量的数据中获得有用的信息，仅仅依靠计算是不够的，还需要用户按照某种思路运用对应的技巧和方法进行科学的分析，展示需要的结果。

① 排序、筛选、分类汇总。排序、筛选、分类汇总是最简单，也是最常见的数据分析方法，使用它们能对表格中的数据做进一步的归类与统计。例如，对销售数据进行各方面的汇总，对销售业绩进行排序；根据不同条件对各销售业绩情况进行分析；根据不同条件对各商品的销售情况进行分析；根据分析结果对未来数据的变化情况进行模拟，以便调整计划或进行决策等。

② 使用函数分析数据。部分函数可用于分析数据。例如，对商品分期付款进行决策分析。

③ 使用数据透视图表。数据透视图表是分析数据的一大利器，只需几步操作便能灵活利用透视数据的不同特征，制作出各种类型的报表。

④ 使用外部数据库文件。在使用 Excel 进行工作的时候，不但可以使用工作簿中的数据，还可以访问外部数据库文件。使用外部数据库文件最大的优点是用户通过执行导入和查询操作，能

够在 Excel 中使用软件提供的工具对外部数据进行处理和分析。

⑤ 模拟分析。模拟分析又称为假设分析或 What-if 分析，它主要是基于现有的模型，对影响最终结构的诸多因素进行测算和分析。Excel 中提供了多项功能来支持类似的分析，如模拟运算表、方案管理。

4．图表的制作

密密麻麻的数据展现在人眼前时，总是会让人觉得头晕眼花。所以，很多时候，在向别人展示或者分析数据的时候，为了使数据更加清晰、易懂，常常会借助图表。

例如，想要表现一组数据的变化过程，可使用折线或曲线；想要表现多个数据的占比情况，可利用多个不同大小的扇形来构成一个圆形；想比较一系列数据并关注其变化过程，可使用柱形图。

5．信息传递和共享

在 Excel 中，使用对象连接和嵌入功能可以将用其他软件制作的图形插入 Excel 的工作表，其主要途径是通过【超链接】和【对象】功能。链接对象可以是工作簿、工作表、图表、网页、图片、电子邮箱、程序、声音文件、视频文件等。

6．数据处理的自动化功能

Excel 自身的功能已经能够满足绝大部分用户的需求，且对用户的高数据计算和分析需求，Excel 也没有忽视，它内置了 VBA 编程语言，允许用户定制 Excel 的功能，开发出适合自己的自动化解决方案。

同时，还可以使用宏语言将经常要执行的操作记录下来，并将此操作用一个快捷键保存起来。在下一次要进行相同的操作时，只需按下所定义的宏功能的相应快捷键即可，而不必重复整个过程。

1.2.3　Excel 与数据分析

数据分析工具是决策者和研究人员分析数据必不可少的重要工具。无论是对已有问题进行分析与总结还是对未来的预测与判断，往往都会用到不同的数据分析工具。

随着计算机的蓬勃发展，很多可用于数据分析的编程语言应运而生，如 Python、R 语言、SQL、Java 等。但客观来说，这些语言对没有编程经验的初学者来说还是有不低的门槛，进行数据分析的第一步——构建环境就是难住初学者的关键一步，因此就需要一款简单而有效的软件来实现数据分析。

对大多数的用户来说，他们的计算机都安装了 Microsoft 的 Office 办公软件，而 Excel 正是 Office 的重要组成部分。Excel 除了具有强大的计算功能之外，还具有数据统计与分析的功能。因此，对初学者来说，利用 Excel 进行数据统计与分析就显得非常方便而且有效率。

Excel 是一种广泛使用的电子表格程序，可以帮助用户处理和分析数据。Excel 可以用于数据分析的许多方面，具体如下。

数据导入和整理：在 Excel 中可以导入多种格式的数据，如 CSV、TXT、XML 等，并可以对数据进行处理和整理。

数据可视化：在 Excel 中可以创建各种图表，如条形图、折线图、饼图等，帮助用户更直观地了解数据。

数据分析：Excel 具有各种内置函数，如 SUM、AVERAGE、IF 等，可以帮助用户进行数据分析和计算。此外，Excel 还提供了数据透视表和条件格式等高级功能，使数据分析更加容易。

数据建模：Excel 可以用于构建各种模型，如线性回归模型、多元回归模型等，以及进行数据预测和预测分析。

Excel 是一个非常有用的工具，可以完成各种数据分析任务。Excel 在数据分析方面的优点如下。

① 上手门槛低。一个新手只要认真使用向导 1～2 小时，就可以使用 Excel 进行操作。

② 统计分析功能。统计分析功能包含在数据透视功能之中，它非常独特，可以使用 Excel 的内置函数和工具箱，如数据分析工具箱，来计算各种统计量，如平均值、标准差、置信区间、假设检验、回归等统计分析功能，可以让用户更容易地理解和呈现数据，从而支持决策和报告内容。

③ 图表功能。Excel 拥有丰富的可开发的图表形式。

④ 自动汇总功能。其他程序也有这个功能，但是 Excel 的这个功能更简便、灵活。

⑤ 计算公式丰富。

Excel 可完成表格数据的输入、分类汇总、简单计算等多项工作，可生成精美且直观的数据清单、表格、图表。Excel 中有大量的公式与函数可以应用。Excel 可以执行繁重而复杂的计算，可以分析信息并管理电子表格或网页中的数据信息列表，带给使用者方便。Excel 的数据分析工具可以用于各种数据的高级处理、统计分析和辅助决策操作，因而可以广泛地应用于统计、管理、财经、金融等众多领域。

Excel 中提供了一组数据分析工具（称为"分析工具库"），使用这些工具在进行复杂统计或工程分析时可节省操作步骤和时间。应用时，只需为每一个分析工具提供必要的数据和参数，该工具就会使用适当的统计或工程宏函数，在输出表格中显示相应的结果。有些分析工具在生成输出表格的同时还能生成图表。

现在的时代是一个数据驱动运营、数据决定对策、数据改变未来的时代。无论是海量数据库，还是一个简单的表格，都能进一步挖掘数据价值、活用数据。在众多数据分析工具中，Excel 是最常用，也是最容易上手的分析工具。Excel 不仅提供简单的数据处理功能，还有专业的数据分析工具库，包括相关系数分析、描述统计分析等。

Excel 数据分析是利用 Excel 中的各种数据分析工具和函数，对业务数据进行处理、分析、解释和展示的过程。它可以帮助企业和个人更好地理解和利用业务数据，提高决策效率和质量，辅助业务规划和战略制定，优化业务流程和提高资源利用效率，提升竞争力和市场份额。Excel 数据分析的主要步骤包括数据预处理、数据建模、数据分析、数据可视化和汇报展示等，需要用户具备一定的数据收集、统计分析和业务理解能力。

1.3 应用实例——学生成绩表分析

Excel 具有强大的数据处理功能，可以帮助我们进行数据的处理与分析，还可以在生活及工作过程中给我们提供强大的帮助。本节主要通过对学生成绩表进行分析来为读者介绍 Excel 的部分功能。

1. 新建工作表

首先打开"学生成绩"工作簿，在"Sheet1"工作表上单击鼠标右键，在弹出的快捷菜单中选择"重命名"命令，将工作表重命名为"平时成绩"，然后单击"平时成绩"工作表右侧的按钮，新建一个工作表 "期中考试成绩"。选中"期中考试成绩"工作表，单击鼠标右键，在弹出的快捷菜单中选择"移动或复制"命令，在弹出的对话框中勾选"建立副本"复选框。复制成功后将新表重命名为"期末考试成绩"（见图 1-3）。最后分别在每个工作表上单击鼠标右键，在弹出的快捷菜单中选择"工作表标签颜色"命令，为每一个工作表的标签加上不同的颜色。

2．删除工作表

删除工作表的操作主要在出现了多余的工作表时进行。需要注意的是，如果工作簿中只有一个工作表，则不能进行删除工作表的操作；有多个工作表时，删除某一个工作表的步骤是：选中需要删除的工作表，然后在"开始"选项卡中的"单元格"选项组中，单击"删除"按钮下方的下拉箭头，然后选择"删除工作表"命令（见图 1-4）。

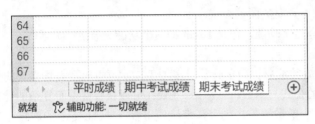

图 1-3　学生成绩表

图 1-4　删除工作表

3．打印工作表

在完成数据分析之后，有时需要将电子版 Excel 表格打印出来，因此需要对工作表进行格式的调整，以方便打印。

（1）页面设置

首先单击"视图"选项卡，选择"普通"视图。然后进行页面的调整，在"页面布局"选项卡中单击"页边距"按钮，将列出 3 种常用的标准设置，如果有特别需要可以选择"自定义页边距"，或者单击"页面设置"选项组右下角的展开按钮，在打开的"页面设置"对话框的"页边距"选项卡中，分别设置上、下、左、右的边距和居中方式（见图 1-5）。

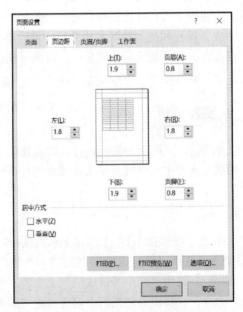

图 1-5　"页边距"选项卡

调整完页边距之后，打开"页面"选项卡，如图1-6所示。

图1-6 "页面"选项卡

"页面"选项卡中包含了方向、缩放、纸张大小等设置。方向是指"纵向"或"横向"打印工作表。如果工作表中所包含的列数较少，使用纵向打印；如果工作表中所包含的列数较多，则使用横向打印。使用的纸张大小可以选择"A4""B5"等；设置打印质量时，值越大，打印的质量越好，但是打印耗时也越长。

（2）打印设置

在打印过程中，通常需要每一页都打印标题行或标题列，因此需要进行打印标题的设置，如图1-7所示。在"页面布局"选项卡的"页面设置"选项组中单击"打印标题"按钮，在打开的"页面设置"对话框的"工作表"选项卡中，设置行引用为$1:$1，每页都打印第一行中的标题"学院""班级""姓名"等。这样可以方便用户清楚地知道每列数据所代表的具体含义。设置列引用为$A:$C后，每页第一列、第二列、第三列都将打印出"学院""班级""姓名"。勾选"网格线"复选框，打印网格线会使工作表更加清晰。对于设置了填充颜色或设置了字体颜色的单元格数据，可以使用"单色打印"功能。勾选"行和列标题"复选框，会打印工作表的行号和列标。在"错误单元格打印为"下拉列表中选择"<空白>"选项，则工作表中的错误值不被打印出来。

Excel可以对我们的表格进行自动分页。在"视图"选项卡的"工作簿视图"选项组中单击"分页预览"按钮，切换到"分页预览"视图。在此视图中，虚线指示Excel自动分页符的位置；同时我们也可以进行手动分页，进入"分页预览"视图之后选中一行或一列，单击鼠标右键，在弹出的快捷菜单中选择"插入分页符"命令，实线代表手动分页符的位置（见图1-8）。选中分页符并将其拖曳到新的位置可以实现分页符的移动（自动分页符被移动后将变成手动分页符）。

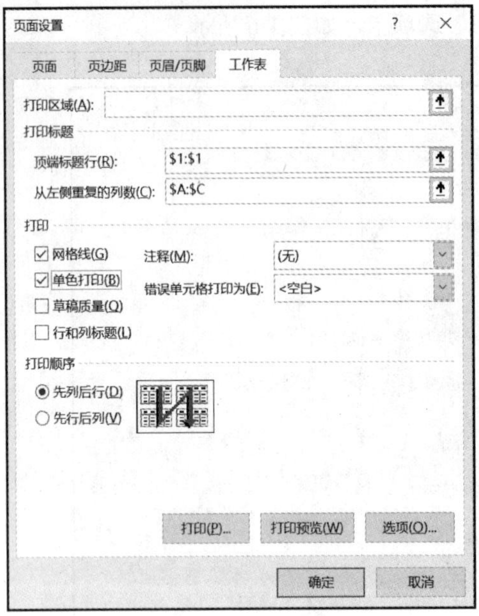

图 1-7　打印标题设置

1-1　打印标题设置

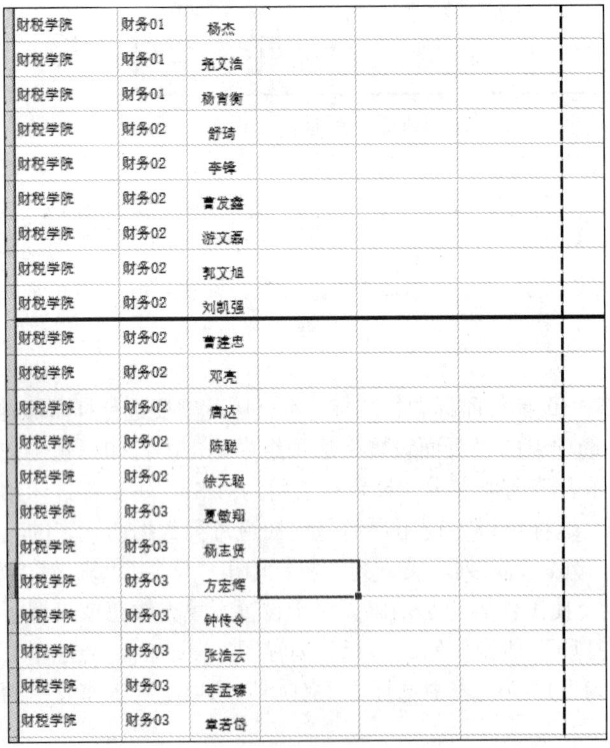

图 1-8　分页符

1-2　分页符设置

分页之后，进行页眉和页脚的设置。页眉是显示在每一页顶部的信息，通常包含标题等内容；页脚是显示在每一页底部的信息，通常包括页码、打印日期等信息。在"页面设置"对话框中单击"页眉/页脚"选项卡。在"页眉/页脚"选项卡中单击"自定义页眉"按钮，打开"页眉"对话框，在"左部""中部""右部"编辑框中输入希望显示的内容即可，如图1-9所示。

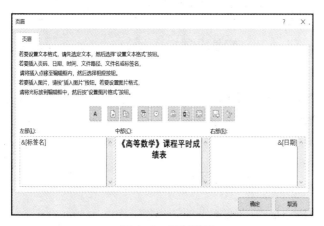

图1-9　页眉设置

用户可以根据自己的需要选择打印部分区域或者选择全部打印，打印部分区域需要在工作表中先选择要打印的单元格区域。在"页面布局"选项卡的"页面设置"选项组中单击"打印区域"按钮，然后选择"设置打印区域"命令，则所选定的单元格区域会被设置为打印区域。单击"文件"选项卡中的"打印"按钮，即可进行部分区域的打印（见图1-10）。

学院	班级	姓名	第1次平时成绩/分	第2次平时成绩/分	第3次平时成绩/分
财税学院	财务01	熊京			
财税学院	财务01	董邦璘			
财税学院	财务01	徐可烁			
财税学院	财务01	黄恒			
财税学院	财务01	肖双龙			
财税学院	财务01	王寅刚			
财税学院	财务01	黄楷			
财税学院	财务01	钟材林			
财税学院	财务01	陈国军			
财税学院	财务01	徐志远			
财税学院	财务01	徐超			
财税学院	财务01	杨木			
财税学院	财务01	尧文浩			
财税学院	财务01	杨育衔			
财税学院	财务02	舒琦			
财税学院	财务02	李锋			
财税学院	财务02	曹发鑫			
财税学院	财务02	游文磊			
财税学院	财务02	郭文旭			
财税学院	财务02	刘凯强			

图1-10　部分区域打印预览

要打印整个工作表或整个工作簿，则单击"文件"选项卡，设置打印整个工作表或整个工作簿，然后单击"打印"按钮，即可进行整个工作表或整个工作簿的打印。

本章习题

1．请同学们谈一谈数据分析的基本流程。

2．结合自己的专业，谈谈数据分析如何应用于专业学习中。

3．结合自己的专业，谈谈数据分析有什么作用，举一个例子说明。

4．列举并介绍 Excel 中常用的数据分析工具。

本章实训

打开"第 1 章课后实训数据表.xlsx"，对该数据表进行如下操作。

1．页面设置：设置上、下、左、右页边距分别为 2.5、2.5、2.0、2.0，居中方式为"水平"。

2．对每个月的天气数据进行分页。

3．设置打印行标题，每个页面均打印第一行的内容（如"日期""最高温""最低温"等）。

4．设置打印页眉为文件名，居中；页脚为页码，居中。

第2章 数据获取与数据预处理

从数据分析流程来看，数据分析的主要步骤之一是进行数据的收集，即数据获取。数据是产生价值的原材料。数据获取是大数据处理技术（包含获取、存储、管理、分析4个技术）的基础环节，也是完成后续各个环节的保证。数据获取通过对数据进行抽取和集成，从中提取出关系和实体，经过关联和聚合等操作，按照统一定义的格式对数据进行存储。数据预处理是数据分析的重要前提和基础，它可以提高数据的质量，消除数据中的噪声、不一致和缺失值，使数据更加准确、完整和一致，从而为数据分析提供更好的支持。本章主要介绍如何通过工具软件获得所需要的数据，以及在 Excel 中进行数据预处理的基本方法。

本章学习目标

1. 了解数据获取工具和获取数据的主要数据来源。
2. 掌握八爪鱼的基本使用方法，熟悉使用八爪鱼获取自己需要或感兴趣的数据的方法。
3. 了解如何使用 Excel 进行数据预处理操作

2.1　数据获取

数据获取是数据处理与分析的前提，只有拥有用于分析的数据对象，才能开启数据处理与分析的任务。

进行数据获取的主要手段如下。

（1）将结构化、半结构化的现有数据库、日志、文本等文件整理成符合要求的数据源。

（2）对分散在网络上、自然界中、日常生活中的各种数据进行收集。

通过这些手段收集到的数据有智能手机中的照片和视频、各类交流信息等泛互联网数据，来自大量传感器的机器数据，科学研究数据以及行业多结构专业数据等。收集到的数据来源广泛，格式和结构繁多，这对后续工作提出了要进行格式转换和数据整理等要求。

2.1.1　主要数据来源

常见的数据来源主要有以下几个。

（1）政府机构发布的数据，如国家统计局、金融监管机构、医疗卫生机构等发布的数据。

（2）企业自身所收集的数据，如客户信息、销售数据、用户行为数据、生产数据等。

（3）第三方数据提供商发布的数据，如市场调研机构、数据服务公司等发布的数据。

（4）社交媒体平台上的用户生成的数据，如微博、论坛等的数据。

（5）传感器数据、物联网数据、地理信息系统数据等技术类数据。

从数据格式角度来看，数据来源一般有 3 种。第一种是新产生的格式化、半格式化数据，如银行产生的交易数据、互联网产生的地理信息数据等；第二种是新获取的半格式化、无格式化数据，主要包括网络爬虫从网页上爬取的数据；第三种是导入的格式化、半格式化历史数据，主要是各种现有的数据库数据。

有些新产生的数据会及时更新在一些网站中，常用的免费公开数据网站如下。

（1）政府公开数据网站，如国家数据、中国统计信息网、国家统计局、各省市县人民政府官方网站等。

（2）综合性数据平台，如数据堂、数据智汇、天眼查等。

（3）学术研究平台，如中国知网、Web of Science、Google 学术、谷歌数据搜索、微软学术等。

（4）国际机构提供的数据平台，如世界银行数据、联合国数据、OECD 数据、IMF 数据等。

（5）社交网络数据平台，如微博 API、抖音开放平台、快手开放平台等。

表 2-1 展示了常见数据来源。

表 2-1   常见数据来源

网站名称	简介	特点
搜数网	搜数网是中国资讯行（国际）有限公司推出的面向统计和调查数据的专业数据垂直搜索网站	汇集中国资讯行自 1992 年以来收集的所有统计和调查数据，内容全面、权威、可靠。搜数网提供多样化的搜索功能，提高了用户检索数据的全面性和准确性，方便用户及时查找数据
中国统计信息网	中华人民共和国家统计局的官方网站，是国家统计局对外发布信息、服务社会公众的唯一网络窗口	汇集了海量的全国各级人民政府各年度的国民经济和社会发展统计数据，建立了以统计公报为主，以统计年鉴、阶段发展数据、统计分析、经济新闻、主要统计指标排行等为辅的数据系统
万得	万得被誉为中国的 Bloomberg	在金融业有着全面的数据覆盖，金融数据的类目更新非常快，极受国内的商业分析者和投资人的青睐
东方财富网	专业的互联网财经媒体，提供 7×24 小时财经资讯及全球金融市场报价，汇聚全方位的综合财经资讯和金融市场资讯	用于上市企业研究，可以了解到公司经营分析等相关情况
世界银行公开数据	世界银行公开数据收录了世界银行数据库的 7000 多个指标	该平台提供开放数据目录、世界发展指数、教育指数等工具

2.1.2 数据获取工具

数据的获取主要来自两个方面：一方面是数据库文件，或者其他文件；另一方面是网站中的开源数据。前者的数据可以从各种形式的文件中导入 Excel 数据表，2.2 节将会介绍从 TXT 文件、CSV 文件以及网站中导入结构化数据。后者的数据需要利用一定的工具来获取，有编程基础的可以自己编写网页数据爬取程序来获取数据。对程序员或开发人员来说，编写一个网页数据爬取程序非常容易并且有趣。但是对大多数没有任何编程基础的人来说，最好使用一些网络爬虫软件从指定网页获取特定内容。本节介绍数据获取工具：八爪鱼。

八爪鱼要经过以下步骤才可以开始进行数据的采集。

1. 下载安装

搜索八爪鱼官网，登录该网站即可看到八爪鱼的下载链接，单击链接开始下载，下载完成后，打开安装包，选择安装路径，进行默认安装。安装完成后，单击免费注册（只有完成注册并登录的用户才能使用八爪鱼的功能）。输入手机号，设置密码，输入验证码，即可注册成功。输入账号、密码，完成用户的登录。登录八爪鱼后，可以进入使用界面。

2. 使用操作

一般来说，用八爪鱼进行数据获取主要有 3 步。

第一步：打开客户端，选择简易模式和相应的网站模板。

2-1 八爪鱼的使用

第二步：预览模板的采集字段、参数设置和示例数据。

第三步：设置对应的参数，保存运行，完成数据采集。

下面以爬取东方财富网的沪深资金流向主力排名的数据为例，对用八爪鱼进行数据获取的方法进行介绍。

进入八爪鱼的主页，将鼠标指针移到"新建"按钮上，选择"自定义任务"命令，如图 2-1 所示。

将要爬取的网页网址复制到八爪鱼新建任务中，保存设置。八爪鱼会自动打开所对应的网页，同时出现想要爬取的网页信息。由于想要的信息需要向下翻页才可以看到，所以勾选"翻页采集"复选框，单击"生成采集设置"按钮，如图 2-2 所示。

图 2-1 自定义任务

图 2-2 生成采集设置

八爪鱼会自动分析页面，提取其中的数据，可以看到左下方显示提取 50 条信息，即本页面的 50 条信息。八爪鱼会自动设置翻页功能，在下方预览区域中删除不需要的数据，如图 2-3 所示。

图 2-3 删除不需要的数据

在删除不需要的数据后，单击"保存并开始采集"按钮，如图 2-4 所示。

选择本地采集普通模式，接下来八爪鱼会自动翻页并且采集数据，想要的数据按顺序被提取了出来。

采集完成后需要导出数据，选择以 Excel 形式导出数据，如图 2-5 所示。

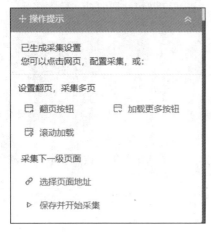

图 2-4　保存并开始采集　　　　　　　　　图 2-5　选择导出方式

随后保存，完成数据采集。打开所保存的 Excel 文件，可以看到想要的所有数据，如图 2-6 所示。

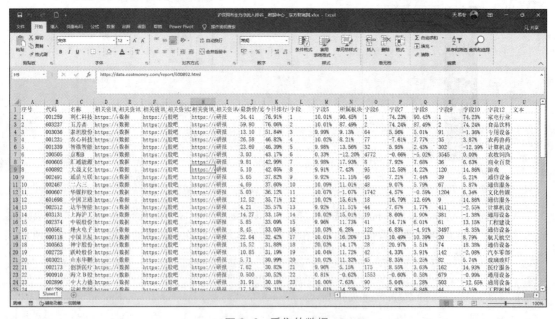

图 2-6　采集的数据

2.2　数据导入

本节主要介绍在 Excel 中如何导入 3 种格式的数据（TXT 格式、CSV 格式和网站中的数据）。

2.2.1 自 TXT 文件导入

用户可以将 TXT 文件中的数据导入 Excel 工作表进行数据处理。其操作
步骤如下。

2-2 自 TXT 文件
导入

① 在"数据"选项卡的"获取和转换数据"选项组中，单击"从文本/CSV"
按钮，如图 2-7 所示，打开"导入文本文件"对话框。

图 2-7 单击"从文本/CSV"按钮

② 选定 TXT 文件，单击"确定"按钮。

③ 在随后弹出的"文本导入向导"对话框中，选择"分隔符号"选项，可查看具体的分隔符，
然后单击"加载"按钮（见图 2-8），导入后生成的表格如图 2-9 所示。

图 2-8 单击"加载"按钮

考生编号	政治理论	外国语	业务课1	业务课2	总分
104212070640103	164	85	0	0	249
104212070640110	157	85	0	0	242
104212070640033	159	81	0	0	240
104212070640102	155	82	0	0	237
104212070640172	158	76	0	0	234
104212070640234	152	79	0	0	231
104212070640254	147	83	0	0	230
104212070640105	143	87	0	0	230
104212070640145	144	84	0	0	228
104212070640266	148	80	0	0	228
104212070640233	157	70	0	0	227
104212070640132	147	78	0	0	225
104212070640022	139	86	0	0	225
104212070640049	157	66	0	0	223
104212070640179	141	82	0	0	223
104212070640221	143	79	0	0	222
104212070640176	139	83	0	0	222
104212070640019	150	71	0	0	221
104212070640247	154	67	0	0	221
104212070640117	146	75	0	0	221
104212070640175	149	71	0	0	220

图 2-9　导入后生成的表格

2.2.2　自 CSV 文件导入

Excel 的"数据"选项卡中提供了"从文本/CSV"按钮，因此，自 CSV 文件导入操作与自 TXT 文件导入操作一致。只要单击"数据"选项卡中的"从文本/CSV"按钮，选择数据所在的 CSV 文件，单击"加载"按钮即可完成数据的导入。

2.2.3　自网站导入

Excel 的"数据"选项卡中提供了"自网站"按钮，因此，可以直接从网站导入数据。下面以"获取江西财经大学历年招生分数线"为任务，对网站数据进行导入，其操作步骤如下。

2-3　自网站导入

① 在"数据"选项卡的"获取和转换数据"选项组中，单击"自网站"按钮（见图 2-10），打开对话框，输入目标网站地址（见图 2-11），单击"确定"按钮。

图 2-10　单击"自网站"按钮

图 2-11　输入目标网站地址

② 在出现的对话框中选择其中的"Table0"选项，单击"加载"按钮（见图 2-12），即可将网站中的数据表格转换到 Excel 文件中。

图 2-12　网页解析后提供的选择

2.3　数据预处理

通过数据获取工具采集来的数据往往会存在一些问题，因此需要对数据进行预处理操作。下面先介绍数据存在的主要问题。

2.3.1　数据存在的主要问题

在实际业务处理中，数据通常是脏数据。所谓的脏，指数据可能存在以下几种常见问题。

（1）数据缺失，指数据中存在属性值为空的情况。

（2）数据噪声，指数据不合常理。例如，Salary="-100"（即工资为负数，不符合常理）或者学生成绩不在 0~100 分等。

（3）数据不一致，指数据前后存在矛盾的情况。例如，Age="42"与 Birthday="01/09/1985"。

（4）数据冗余，指数据量或者属性数目超出数据分析所需的量。

（5）数据集不均衡，指各个类别的数据量相差悬殊。

（6）离群点/异常值，指远离数据集中其余部分的数据。

（7）数据重复，指数据集中有出现多次的数据。

针对数据中存在的以上问题，往往需要对数据进行预处理。

2.3.2　数据预处理概述

数据预处理的主要目的是将原始数据转换为可用于建模和分析的有效数据，并且消除数据的噪声和不一致性，以提高建模和分析的准确性和可靠性。

具体来说，数据预处理主要包括以下内容。

（1）数据清洗：检测和修复缺失数据、异常数据、重复数据、不一致数据等数据，保证数据的完整性和一致性。

（2）数据集成：将来自不同文件、数据库或数据集的数据集成到一个数据仓库中，从而减少数据冗余，提高数据的可用性和可访问性。

（3）数据转换：将数据从一种表达形式转换为另一种表达格式，以满足特定的分析要求，如将文本数据转换为结构化数据。

（4）数据规约：统一数据属性的规范，如将不同格式的日期转换为标准格式，从而保证数据的一致性和可比性。

（5）数据拆分：指将一个大型的数据集（通常包含多个变量和观察值）、文件或表格分成多个小的数据集、文件或表格。数据拆分可以用于各种目的，如在每个小数据集上进行不同的分析、分发数据到不同的组织或人员、更好地利用可用的计算资源等。可以按照不同的标准对数据进行拆分，如时间、地理位置、行业分类等。拆分方式取决于具体的数据集和需要。当进行数据分析或建模时，数据拆分还可以减少过拟合问题并提高模型的泛化能力，因为拆分后的小数据集可以很好地代表整个数据集的特征。

总之，数据预处理能够帮助我们更好地理解和分析数据，并且得出更加科学的结论。数据采集完成后往往需要对数据进行预处理才能进一步进行数据处理与分析。

在 Excel 中，可以通过以下几种方式实现数据预处理。

（1）数据清洗：清除重复数据、空值和错误数据。

（2）数据转换：将数据从一种格式转换为另一种格式。

（3）数据筛选：筛选出符合特定条件的数据。

（4）数据排序：按照指定的字段对数据进行排序。

（5）数据合并：将多个数据源合并为一个。

在进行数据预处理时，需要先了解数据的整体情况，包括数据的类型、格式、质量等。然后根据具体的需求选择相应的预处理方法，进行数据清洗、转换、筛选、排序、合并等操作，最终得到符合要求的数据。

Excel 提供了智能填充功能，用该功能可以方便地实现数据拆分、数据转换、数据清洗等数据预处理任务。下面主要介绍常见的基于 Excel 的数据预处理方法，介绍基于 Excel 的智能填充功能（快捷键为 Ctrl+E）实现数据拆分、数据转换、数据清洗等数据预处理任务。

2.3.3　数据清洗

数据清洗是指检查、修改或删除数据集中存在的不准确、不完整、重复、不规范或无效的数据的过程。数据清洗是数据分析的重要前提，因为原始数据集往往会包含大量错误和无效的数据，如果不进行清洗处理，可能会导致分析结果不准确，进而产生错误的决策。

数据清洗阶段，主要处理数据缺失问题。

缺失数据有以下几类。

（1）完全随机缺失值：缺失的概率是随机的，如门店的计数器因为断电、断网等原因导致某个时段数据为空。

（2）随机缺失值：数据是否缺失取决于另外一个属性，如一些女生不愿意填写自己的体重或年龄。

（3）不随机缺失值：数据缺失与自身的值有关，如高收入的人可能不愿意填写收入。

处理数据缺失问题有以下几种方法。

（1）删除数据。如果缺失数据的记录占比比较小，可以直接把这些记录删掉，之后再进行数据处理和分析。

（2）手动填写、重新收集数据，或者根据领域知识来补数据。

（3）自动填补数据。可以结合实际情况通过公式计算，如针对门店计数数据缺失，可以参考过往的客流数据、转化数据、缺失时段的销售额，用一个简单公式自动计算回补。

2-4　数据清洗示例

【**例题 2-1**】现有一批公文信息，信息中包含收文流水号、收文日期、文号、发文部门、备注等，如图 2-13 所示。

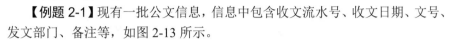

图 2-13　数据清洗示例

　　数据的来源是多种多样的，因此会出现一个对象所对应的数据格式不同的情况，此时就需要进行数据清洗，将格式不同的数据转换为相同格式的数据。在图 2-13 中，收文日期的格式既有日期型又有文本型，且所处位置存在差异，此时便可以进行数据清洗。打开文件，在"收文日期"列右侧插入新的一列，在此列中进行数据清洗。

　　设置此列的数据格式为日期型，并选择合适的格式便于后续进行数据处理，日期格式如图 2-14 所示。

图 2-14　日期格式

23

设置完成后，在 D2 和 D3 单元格中分别输入所对应的日期，为 Excel 提供进行智能填充的样本，接着按 Ctrl+E 组合键，可用智能填充功能统一日期格式，如图 2-15 所示。

	A	C	C	D	E	F
1	收文流水号	收文日期		收文日期new	文号	发文部门
2			22/7/2013	2013年7月22日	卫统中心便函【2013】55号	卫生部统计信息中心
3		2021-4-20		2021年4月20日	粤卫办医函〔2021〕17 号	广东省卫生健康委
4		22/4/2021		2021年4月22日	国卫办医函〔2021〕188 号	国家卫生健康委办公厅
5		16/4/2021		2021年4月16日		广州市卫生健康委
6		20/4/2021		2021年4月20日		广东省疾病预防控制中心
7		16/4/2021		2021年4月16日	国卫医资源便函〔2021〕120号	国家卫生健康委医政医管局
8		15/4/2021		2021年4月15日	粤卫应急函〔2021〕46 号	广东省教育厅
9		2021-04-20		2021年04月20日	穗卫函〔2021〕18号	广州市卫生健康委
10		2021-04-16		2021年04月20日		广州市卫生健康委

图 2-15　用智能填充功能统一日期格式

进行智能填充后，D 列中的所有数据的格式都相同，这样就会使表格更加美观，同时还便于后续进行数据处理。然后在"开始"选项卡中单击"查找和选择"按钮，选择"定位条件"命令，定位到空白单元格，再选中这些空白单元格，删除空白单元格所在的行，即可完成缺失数据的删除，从而实现数据的清洗。

2.3.4　数据类型转换

在转换数据的类型前，我们先来了解数据的类型。

数据类型可以简单划分为数值型和非数值型。数值型又分为连续型和离散型。非数值型又分为类别型和非类别型。在类别型中，如果类别存在排序问题则为定序型，若不存在排序问题则为定类型。非类别型是字符串型。

对于非数值型数据，需要进行数据类型转换，即将非数值型转换为数值型。经过类型转换后，所有的数据均为数值型。如下例，由于金额的格式为"常规"，因此在进行数据求和的时候会发现无法进行求和操作。此时便需要进行数据类型的转换从而进行求和。

【例题 2-2】在图 2-16 所示的待计算数据表中，要求对 A 列的数据进行汇总计算。

经过对数据表进行分析，发现 A 列的数据均为文本型，不能对其进行汇总计算，但可以利用智能填充功能实现将 A 列的数据从文本型转成数值型。在 B2 单元格中输入 32 万对应的数字320000，接着按 Ctrl+E 组合键进行填充，B 列的数据都被填充为了 320000，这就是给定一个样本的智能填充结果（见图 2-17），很显然，智能填充并没有实现精准学习，所填充的内容并不是用户需要的数据。

出现这种情况，是由于所提供的样本不够，系统在进行检索时未能正确识别，此时只需要提供足够多的样本，在 B2 和 B3 单元格内输入与 A2 和 A3 单元格相对应的正确格式的数据，便能够运用智能填充功能准确地完成数据类型的转换。提供两个样本，如图 2-18 所示，按 Ctrl+E 组合键实现数据类型的快速转换，结果如图 2-19 所示。

图 2-16 待计算数据表

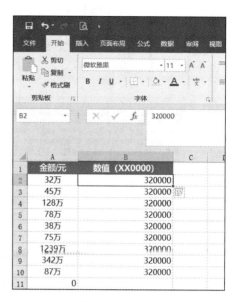

图 2-17 给定一个样本的智能填充结果

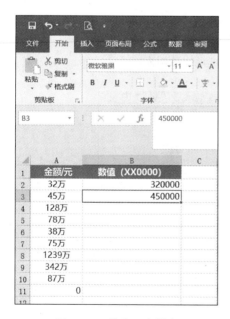

图 2-18 给定两个样本

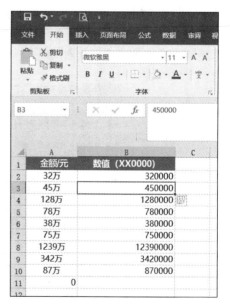

图 2-19 用智能填充功能快速实现的数据类型转换结果

2.3.5 数据拆分

在进行数据处理的过程中，很多的数据具有相同或一定的规律。如果逐个手动输入，不仅浪费时间还容易出错。因此，可以通过 Excel 的智能填充功能来进行输入，软件会根据所输入的数据对附近的单元格进行检索，发现相似的单元格内容之后会自动进行填充。

2-5 数据拆分

【例题 2-3】现有一批客户快递地址信息，信息中包含联系人的姓名、公司名称、公司地址以及邮编，如图 2-20 所示。要求从提供的信息中分别提取联系人姓名、公司名称和邮编。

	A	B	C	D
	客户信息	联系人	公司名称	邮编
	孙林, 伸格公司, 北京市东园西甲 30 号, 邮编:110822			
	刘英梅, 春永建设, 天津市德明南路 62 号, 邮编:110545			
	王伟, 上河工业, 天津市承德西路 80 号, 邮编:110805			
	张颖, 三川实业有限公司, 天津市大崇明路 50 号, 邮编:110952			
	赵光, 兴中保险, 常州市冀光新街 468 号, 邮编:110735			
	张海波, 世邦, 常州市广发北路 10 号, 邮编:110825			
	孔南, 顶上系统, 南昌市揽翠碑路 37 号, 邮编:110489			
	金士鹏, 中通, 南京市技术东街 173 号, 邮编:110532			
	王同宝, 艾德高科技, 南京市技术东街 38 号, 邮编:110523			
	郑春, 光明杂志, 南京市金陵大街 54 号, 邮编:110289			
	钱及生, 万海, 南京市尊石路 238 号, 邮编:110848			
	李芳, 仲堂企业, 南京市达明街 23 号, 邮编:110699			
	郑建杰, 三捷实业, 上海市青年西路甲 245 号, 邮编:110259			
	赵军, 保信人寿, 深圳市津塘大路 390 号, 邮编:110954			
	张雪眉, 师大贸易, 成都市阁新街 89 号, 邮编:110736			
	何志, 通恒机械, 昆明市临翠大街 83 号, 邮编:110524			
	马腾丽, 凯旋科技, 昆明市广发路 3 号, 邮编:110640			
	胡海洋, 坦森行贸易, 重庆市方园东 37 号, 邮编:110507			
	池成, 利合材料, 重庆市九江西街 370 号, 邮编:110958			

图 2-20 客户信息

具体操作：以提取联系人姓名为例，将 A2 单元格中的"孙林"复制到 B2 单元格中，随后，按 Ctrl+E 组合键，表格会自动将 A 列中的所有联系人姓名提取出来并填充到 B 列，如图 2-21 所示。"公司名称"列和"邮编"列同样可以按照此方法进行快速填充。

	客户信息	联系人
1		
2	孙林, 伸格公司, 北京市东园西甲 30 号, 邮编:110822	孙林
3	刘英梅, 春永建设, 天津市德明南路 62 号, 邮编:110545	刘英梅
4	王伟, 上河工业, 天津市承德西路 80 号, 邮编:110805	王伟
5	张颖, 三川实业有限公司, 天津市大崇明路 50 号, 邮编:110952	张颖
6	赵光, 兴中保险, 常州市冀光新街 468 号, 邮编:110735	赵光
7	张海波, 世邦, 常州市广发北路 10 号, 邮编:110825	张海波
8	孔南, 顶上系统, 南昌市揽翠碑路 37 号, 邮编:110489	孔南
9	金士鹏, 中通, 南京市技术东街 173 号, 邮编:110532	金士鹏
10	王同宝, 艾德高科技, 南京市技术东街 38 号, 邮编:110523	王同宝
11	郑春, 光明杂志, 南京市金陵大街 54 号, 邮编:110289	郑春
12	钱及生, 万海, 南京市尊石路 238 号, 邮编:110848	钱及生
13	李芳, 仲堂企业, 南京市达明街 23 号, 邮编:110699	李芳
14	郑建杰, 三捷实业, 上海市青年西路甲 245 号, 邮编:110259	郑建杰
15	赵军, 保信人寿, 深圳市津塘大路 390 号, 邮编:110954	赵军
16	张雪眉, 师大贸易, 成都市阁新街 89 号, 邮编:110736	张雪眉
17	何志, 通恒机械, 昆明市临翠大街 83 号, 邮编:110524	何志
18	马腾丽, 凯旋科技, 昆明市广发路 3 号, 邮编:110640	马腾丽
19	胡海洋, 坦森行贸易, 重庆市方园东 37 号, 邮编:110507	胡海洋
20	池成, 利合材料, 重庆市九江西街 370 号, 邮编:110958	池成

图 2-21 使用智能填充功能完成联系人姓名提取和填充

2.3.6 字符串整理

获取到的数据进行类型转换后在用于数据处理之前还需要被整理，字符串整理就是其中一项。对数据进行整理主要是为了保证数据的完整性、唯一性、合法性和一致性。完整性是指保证数据能够用于数据处理，不会出现信息缺失。唯一性是指保证数据唯一，去掉重复记录。合法性是指某些数据有其特定的含义和意义，必须保证其正确性（如身份证号码的长度）。一致性是指防止出现不同来源的数据对一个对象存在不一样的描述。

1. 多单元格字符串合并

在进行 Excel 数据处理的过程中，会出现需要将多个单元格的内容合并至一个单元格中的情况，此时可以通过 Excel 中的 PHONETIC 函数来实现对字符串的整理。

例如，现有一批图书，图书信息中包含书名与作者名（见图 2-22），要求将每本图书的书名与作者名填写到同一个单元格中。

具体操作如下。

在 C2 单元格中输入"=PHONETIC(A2:B2)"并按 Enter 键，随后选中 C2 单元格，将鼠标指针移至单元格右下角，当鼠标指针变为黑色十字后向下拖动，完成填充（或在选中 C2 单元格后同时 Ctrl+Shift 组合键和下方向键完成填充），获得合并后的书名和作者名，如图 2-23 所示。需要注意的是，PHONETIC 函数只能对字符型内容进行合并，并不能对数字进行合并。

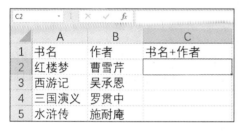

图 2-22　图书信息

图 2-23　合并后的书名和作者名

2. 截取部分数据

有时获取到的数据会由多个有不同含义的部分所组成，而需要的仅是一部分的数据，在此种情况下，我们就需要对获取的数据进行截取。

例如，某公司的员工编号由入职年月和系统自动生成的流水号组成，现需要了解每个员工的入职年月，要求从提供的信息中提取入职年月，员工信息如图 2-24 所示。

具体操作如下。

在 C2 单元格中输入"=LEFT(A2,6)"并按 Enter 键，从左边开始截取 6 个字符，然后对下面的单元格进行填充，完成操作，从员工编号中提取的入职年月信息如图 2-25 所示。

员工编号	姓名	入职年月
202009125	王伟	
202105156	王芳	
201902129	李伟	
201807158	李娜	
201408125	张敏	
201906301	李静	
201806458	王静	
202207689	刘伟	
202211569	王秀英	
202209568	张丽	
202212014	李秀英	

图 2-24　员工信息

员工编号	姓名	入职年月
202009125	王伟	202009
202105156	王芳	202105
201902129	李伟	201902
201807158	李娜	201807
201408125	张敏	201408
201906301	李静	201906
201806458	王静	201806
202207689	刘伟	202207
202211569	王秀英	202211
202209568	张丽	202209
202212014	李秀英	202212

图 2-25　从员工编号中提取的入职年月信息

3. 截取“-”之前的部分

如果有的数据中带有“-”，而在操作的时候只需要某一部分的数据，则需要进行字符串处理。

例如，某公司的会计科目信息如图 2-26 所示，要求根据给出的信息计算出每个会计科目所对应的一级科目。

科目	一级科目
银行存款-建行	
应收账款-张三	
其他应收款-赵志冬	
应收票据-嘉浩聚能	
应收利息-羽策智能	
贷款-农业银行	
短期借款-雨润	
应付票据-华能	
预收账款-嘉浩聚能	
应付账款-牧原	

图 2-26　会计科目信息

具体操作如下。

在 B2 单元格中输入“=LEFT(A2,FIND("-",A2)-1)”并按 Enter 键，通过 FIND 函数查找位置，然后通过 LEFT 函数进行截取，对后续单元格进行填充，从会计科目信息中提取的一级科目信息如图 2-27 所示。

B2　fx　=LEFT(A2,FIND("-",A2)-1)

	A	B	C	D
1	科目	一级科目		
2	银行存款-建行	银行存款		
3	应收账款-张三	应收账款		
4	其他应收款-赵志冬	其他应收款		
5	应收票据-嘉浩聚能	应收票据		
6	应收利息-羽策智能	应收利息		
7	贷款-农业银行	贷款		
8	短期借款-雨润	短期借款		
9	应付票据-华能	应付票据		
10	预收账款-嘉浩聚能	预收账款		
11	应付账款-牧原	应付账款		

图 2-27　从会计科目信息中提取的一级科目信息

2.4　应用实例——京东商品信息获取

目前是数据膨胀的时代，互联网上每天所产生的数据极多。对于海量的互联网数据，必须通过某些方式去获取自己所需要的数据。不论是 Java、C++，还是 Python，都存在一些用于设计网络爬虫软件的库。但对非专业人员来说，通过这些方式来进行数据获取是存在难度的，而采用不需编程就可以使用的网页内容、数据获取的工具会更加方便。本节主要以八爪鱼为例来介绍数据获取工具的使用。

八爪鱼除了可以进行智能简易抓取外，还可以通过自建规则与流程进行自定义采集。本例主要介绍使用自定义采集来进行网页信息的获取。将京东网站的网址复制到八爪鱼中，开始采集→不再进行自动识别（若已经设置可忽略）→单击网页界面中的搜索框→单击操作提示中的“输入文本"（见图 2-28），输入需要进行搜索的商品→单击八爪鱼网页界面中的"搜索"按钮，单击操作提示中的"点击一次"按钮（见图 2-29）。

图 2-28　输入文本

图 2-29　设置采集流程

进入商品列表界面之后，单击第一个商品的链接，然后在右侧操作提示中单击"选中全部相似元素"（见图 2-30），软件就会自动选中当前界面中的所有商品链接，当完成选中之后链接会变成绿色。

图 2-30　选中全部相似元素

选中全部后，单击"循环点击"按钮，八爪鱼网页界面就会自动跳转到商品详情界面。接下来进行数据的选择与获取。选中所需的信息，然后单击右侧操作提示中的采集该元素的文本，所选中的信息就会自动进入数据预览界面，此时可以进行数据名称的修改和顺序的更改。

数据修改完成后，进行翻页循环的建立，单击"翻页按钮"，如图 2-31 所示。单击流程图中的循环列表，返回商品列表页并下拉商品列表页，单击"下一页"按钮并在操作提示中选择循环单击下一页。

图 2-31　单击"翻页按钮"

建立循环翻页之后可以对采集的数量进行设置，在自定义采集中设置采集数量的方法与在智能采集中的一致，因此不再赘述。设置完成后便可单击"采集"按钮进行数据的采集，并将数据导出，采集完成的数据如图 2-32 所示。

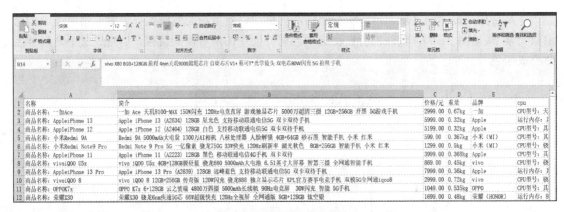

图 2-32　采集完成的数据

本章习题

1．数据的来源主要有哪些？
2．采集来的数据主要会出现哪些问题？如何对有问题的数据进行处理？
3．简述缺失数据的类型以及处理方法。
4．数据预处理的目的是什么？

本章实训

1．现有淘宝母婴数据购物集的数据表"第 2 章课后实训_购物表.csv"和"第 2 章课后实训_婴儿信息表.csv"，要求对数据进行预处理，得到商品品牌和婴幼儿年龄，并去掉重复值。

具体任务如下。

（1）数据文件格式转换。有关数据集均为 CSV 文件，因此需要先进行文件格式的转换。在

Excel 中，单击"数据"选项卡中的"从文本/CSV"按钮，在打开的对话框中选择数据集，单击"加载"按钮。

（2）提取品牌信息。首先将列名改为对应的中文名，然后提取品牌信息。通过 LEFT 和 FIND 函数可以提取品牌信息，然后将商品属性隐藏。

（3）数据预处理。有些品牌没有值是因为 property 的数据缺失，为了防止后续报错，先使用 0 替换所有缺失值。数据表中的购买日期和出生日期需要进行一致化处理。

（4）删除重复值。

（5）数据表连接。

进行数据预处理可以使数据表更加美观，同时也可以得到商品品牌和婴儿年龄，方便下一步进行数据分析。

2．请用八爪鱼采集自己家乡所在城市近一年的天气数据，根据数据分析需要，完成必要的数据预处理。

3．豆瓣电影网站提供了针对某一部影视作品的评论，请用所掌握的数据获取工具实现对某一部电影评论数据的获取。

4．现有数据（第 2 章课后实训_蔬菜采购清单.xlsx）中给出的是某一天从超市购买蔬菜的单价和数量（见图 2-33），但它们均是文本型数据，无法进行计算。请根据所给出的数据，试用多种处理方法并结合所学的数据预处理知识和技能（尤其是智能填充功能），将该购物清单中每个品类的总价计算出来。

品类	价格	称重	总价
西红柿	4.8元/千克	2千克	
豆角	6.6元/千克	2千克	
毛豆	3.3元/千克	5千克	
黄瓜	3.8元/千克	4千克	
茄子	5.6元/千克	2千克	
辣椒	4.5元/千克	6千克	
胡萝卜	4.3元/千克	5千克	
		总计：	

图 2-33　蔬菜采购清单

第 **3** 章 数据管理

Excel 除了可以完成各种复杂的数据计算，还可以实现数据库软件所具备的一些基本数据管理功能。这些功能主要包括对数据单元格的引用、数据验证、数据排序、数据筛选和数据分类汇总等。

本章学习目标

1. 熟悉单元格引用的类别。
2. 了解数据验证、数据排序、数据筛选和数据分类汇总的有关操作和内容。
3. 能够运用本章所学知识进行数据管理。

3.1 单元格引用

在 Excel 中，一般使用"$"符号区分绝对引用和相对引用。使用 F4 键，可以快速进行绝对引用和相对引用的切换。那么到底什么是相对引用，什么又是绝对引用呢？

不管是相对引用还是绝对引用，它们都是针对一个单元格引用另外一个单元格的情况。

3.1.1 相对引用

如果引用单元格不添加"$"符号，就表示使用了相对引用。

当我们将引用单元格拖动填充的时候，引用单元格会跟着被引用单元格的变化而变化，如图 3-1（a）所示。在 C2 单元格中求金额，等于"B2*A2"。下拉填充时行号会随着行的变化而自动改变。

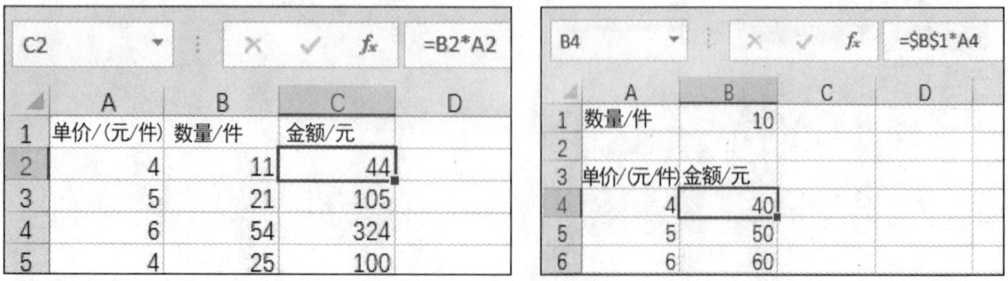

（a）相对引用   （b）绝对引用

图 3-1　单元格引用图示

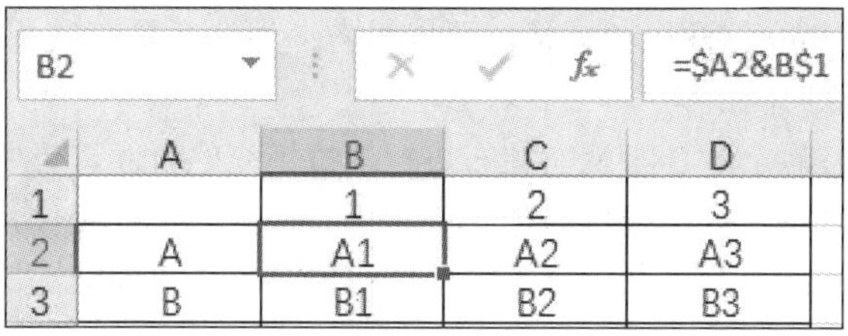

B2 | =$A2&B$1

	A	B	C	D
1		1	2	3
2	A	A1	A2	A3
3	B	B1	B2	B3

（c）混合引用

图 3-1 单元格引用图示（续）

3.1.2 绝对引用

绝对引用又分为全绝对引用和混合引用两种。

（1）全绝对引用

如果引用单元格的行和列都添加“$”符号，就表示使用了全绝对引用。当我们将引用单元格拖动填充的时候，引用单元格不发生任何变化，因为行和列此时被锁死了，如图 3-1（b）所示。在 B4 单元格中求金额，等于$B$1*A4。下拉填充时单价单元格的行号会随着行的变化而自动改变，但数量单元格 B1 不会随着行的变化而改变。因为$B$1 是绝对引用，A4 是相对引用。

（2）混合引用

如果引用单元格的行或者列中的一个添加“$”符号，就表示使用了混合引用。

仅针对行使用“$”符号时，将引用单元格朝下边拖拉填充的时候，引用单元格不会发生任何变化，因为行此时被锁死了。仅针对列使用“$”符号时，将引用单元格朝右边拖拉填充的时候，引用单元格不会发生任何变化，因为列此时被锁死了，如图 3-1（c）所示。进行行列组合，在 B2 单元格输入公式“=$A2&B$1”，向下或向右拖拉填充时，因为锁定了 A 列和 1 行，所以填充效果不同。

【例题 3-1】九九乘法表。

（1）简单九九乘法表

可以看到，图 3-2 中没有显示完整的九九乘法表，只是显示了九九乘法表的结果。填充原理就是：从左往右，用第一行分别与每一列相乘；从上往下，用第一列分别与每一行相乘。

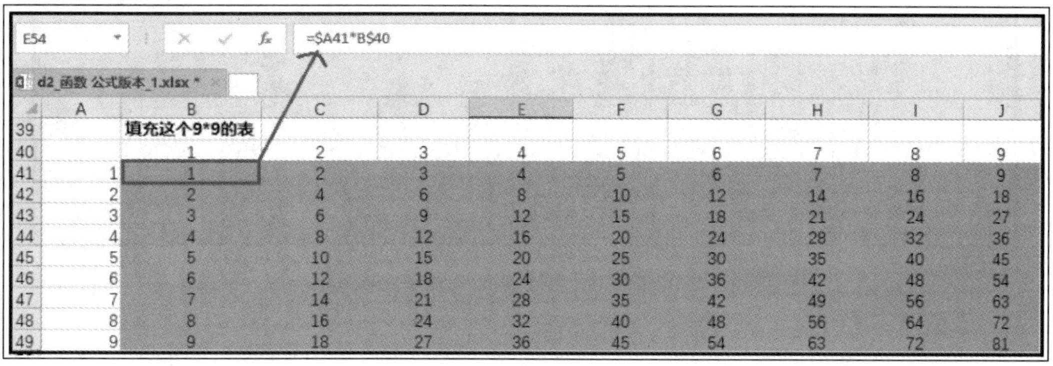

E54 | =$A41*B$40

d2_函数 公式版本_1.xlsx *

	A	B	C	D	E	F	G	H	I	J
39		填充这个9*9的表								
40		1	2	3	4	5	6	7	8	9
41	1	1	2	3	4	5	6	7	8	9
42	2	2	4	6	8	10	12	14	16	18
43	3	3	6	9	12	15	18	21	24	27
44	4	4	8	12	16	20	24	28	32	36
45	5	5	10	15	20	25	30	35	40	45
46	6	6	12	18	24	30	36	42	48	54
47	7	7	14	21	28	35	42	49	56	63
48	8	8	16	24	32	40	48	56	64	72
49	9	9	18	27	36	45	54	63	72	81

图 3-2 九九乘法表结果

从案例中可以看出，B41 单元格中输入了“=$A41*B$40”这个公式。这个公式表示 B41 单元格分别引用了 A41 和 B40 这两个单元格。可以思考：为什么是在 A 和 40 前面加上“$”符号呢？这个需要我们好好琢磨一下。

可以先想象一下：当单元格 B41 从左往右进行拖拉填充的时候，想要保持的是列变化、行不变；当单元格 B41 从上往下进行拖拉填充的时候，想要保持的是行变化、列不变。综上所述：左右填充，列变化，行不变；上下填充，行变化，列不变。最终的效果就是$A41*B$40。

（2）显示较全的九九乘法表

使用“&”连接符显示较全的九九乘法表。其实整个原理还是一样，只不过使用了“&”连接符将行、列的数字拼接起来。注意每一行、每一列数字的变化，恰当使用相对引用和绝对引用就可以很好地完成，如图 3-3 所示。

	A	B	C	D	E	F	G	H	I	J
39		填充这个9*9的表								
40		1	2	3	4	5	6	7	8	9
41	1	1*1=1	1*2=2	1*3=3	1*4=4	1*5=5	1*6=6	1*7=7	1*8=8	1*9=9
42	2	2*1=2	2*2=4	2*3=6	2*4=8	2*5=10	2*6=12	2*7=14	2*8=16	2*9=18
43	3	3*1=3	3*2=6	3*3=9	3*4=12	3*5=15	3*6=18	3*7=21	3*8=24	3*9=27
44	4	4*1=4	4*2=8	4*3=12	4*4=16	4*5=20	4*6=24	4*7=28	4*8=32	4*9=36
45	5	5*1=5	5*2=10	5*3=15	5*4=20	5*5=25	5*6=30	5*7=35	5*8=40	5*9=45
46	6	6*1=6	6*2=12	6*3=18	6*4=24	6*5=30	6*6=36	6*7=42	6*8=48	6*9=54
47	7	7*1=7	7*2=14	7*3=21	7*4=28	7*5=35	7*6=42	7*7=49	7*8=56	7*9=63
48	8	8*1=8	8*2=16	8*3=24	8*4=32	8*5=40	8*6=48	8*7=56	8*8=64	8*9=72
49	9	9*1=9	9*2=18	9*3=27	9*4=36	9*5=45	9*6=54	9*7=63	9*8=72	9*9=81

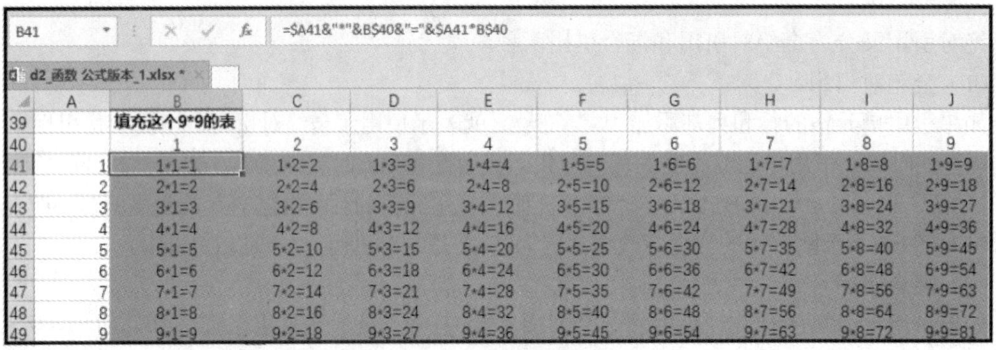

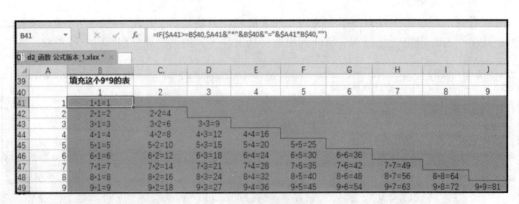

图 3-3　较全的九九乘法表

（3）显示下三角形式的九九乘法表

配合 IF 函数显示下三角形式的九九乘法表。前面我们已经很好地展示九九乘法表了，但是并不是传统意义上的那种下三角形式的九九乘法表。因此需要配合 IF 函数，不显示相关单元格的数字，如图 3-4 所示。

	A	B	C	D	E	F	G	H	I	J
39		填充这个9*9的表								
40		1	2	3	4	5	6	7	8	9
41	1	1*1=1								
42	2	2*1=2	2*2=4							
43	3	3*1=3	3*2=6	3*3=9						
44	4	4*1=4	4*2=8	4*3=12	4*4=16					
45	5	5*1=5	5*2=10	5*3=15	5*4=20	5*5=25				
46	6	6*1=6	6*2=12	6*3=18	6*4=24	6*5=30	6*6=36			
47	7	7*1=7	7*2=14	7*3=21	7*4=28	7*5=35	7*6=42	7*7=49		
48	8	8*1=8	8*2=16	8*3=24	8*4=32	8*5=40	8*6=48	8*7=56	8*8=64	
49	9	9*1=9	9*2=18	9*3=27	9*4=36	9*5=45	9*6=54	9*7=63	9*8=72	9*9=81

图 3-4　下三角形式的九九乘法表

3.1.3　外部地址引用

（1）引用不同工作表中的单元格

如果需要引用同一个工作簿中其他工作表中的单元格，则需要在单元格前加上工作表的名称和感叹号"!"。

引用的格式为：= 工作表名称!单元格引用。

例如，需要引用"Sheetl"工作表中的 A2 单元格，则输入的公式为"=Sheet1!$A$2"。

（2）引用不同工作簿中的单元格

如果需要引用不同工作簿中某一个工作表中的单元格，需要包含工作簿的
名称。

引用的格式为：= ［工作簿名称］工作表名称!单元格引用。

【例题 3-2】汇总员工工资。

3-1　汇总员工工资

工作簿中第一个工作表是第一个月的工资表，如图 3-5 所示，第二个工作
表是第二个月的工资表，如图 3-6 所示，要求对第一个月的工资和第二个月的
工资进行统计求和。

	A	B	C	D
1		姓名	第一个月工资/元	总计/元
2		甲	6000	
3		乙	20000	
4		丙	30000	
5		丁	70000	
6		戊	40000	
7		己	10000	
8		庚	60000	
9		辛	60000	
10				
11				
12				
13				

图 3-5　第一个月的工资表

	A	B	C
1		姓名	第二个月工资/元
2		甲	50000
3		乙	20000
4		丙	30000
5		丁	11111
6		戊	40000
7		己	50005
8		庚	50006
9		辛	60000
10			
11			
12			

图 3-6　第二个月的工资表

首先在第一个工作表中甲的总计单元格 D2 中输入"="，然后单击甲的第一个月工资单元格
C2，输入加号；再单击第二个工作表，单击甲的第二个月工资单元格 C2，之后回到第一个工作
表中，此时公式如图 3-7 所示，然后按 Enter 键，甲两个月工资之和就求出来了；再填充所有的求
和单元格，如图 3-8 所示。

	A	B	C	D
1		姓名	第一个月工资/元	总计/元
2		甲	6000	=C2+Sheet2!C2
3		乙	20000	
4		丙	30000	
5		丁	70000	
6		戊	40000	
7		己	10000	
8		庚	60000	
9		辛	60000	
10				
11				
12				
13				

图 3-7　在 D2 单元格中输入公式

	A	B	C	D
1		姓名	第一个月工资/元	总计/元
2		甲	6000	56000
3		乙	20000	40000
4		丙	30000	60000
5		丁	70000	81111
6		戊	40000	80000
7		己	10000	60005
8		庚	60000	110006
9		辛	60000	120000
10				
11				
12				
13				
14				

图 3-8　所有求和结果

3.1.4　三维地址引用

如果需要引用同一个工作簿中多个工作表上的同一个单元格的数据，可以采用三维地址引用的方式。使用引用运算符指定工作表的范围。

三维地址引用的格式为：工作表名称！单元格地址。

例如，Sheet1: Sheet3!B2.Sheet2:Sheet5!B2:G6。

【例题 3-3】计算 Sheetl～Sheet4 这 4 个工作表中 A1 单元格的数据的总和并存入 Sheet5 的 A1 单元格中。

在 Sheet5 的 A1 单元格中输入公式"=SUM(Sheetl:Sheet4!Al)"，该公式表示计算 Sheetl、Sheet2、Sheet3 和 Sheet4 这 4 个工作表中 A1 单元格的数据的总和，如图 3-9 所示。

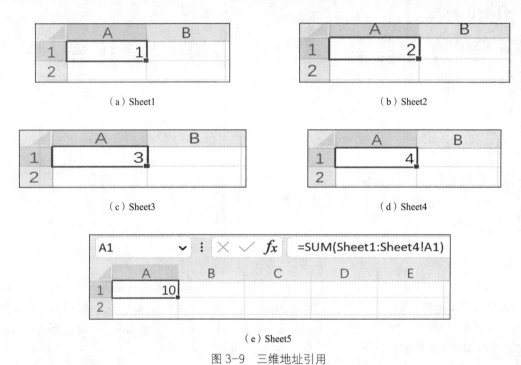

（a）Sheet1　　　　　　　　　　　　　　　　（b）Sheet2

（c）Sheet3　　　　　　　　　　　　　　　　（d）Sheet4

（e）Sheet5

图 3-9　三维地址引用

3.2　数据验证

为了保证系统录入数据的正确性，Excel 支持对单元格进行数据验证，以限制单元格中输入的数据的类型和范围，并且能够在录入数据的过程中及时地给出提示信息。数据验证最常见的用法之一是创建下拉列表。

3.2.1　数据验证设置

数据验证设置主要包括 3 部分内容：验证条件设置、输入信息设置、出错警告设置。在进行数据验证设置之后，还可以设置圈出无效信息。

1. 验证条件设置

验证条件设置用于限制单元格中数据的类型和范围。Excel 支持的数据类型有任何值、整数、小数、序列、日期、时间和文本长度。打开"数据"选项卡，单击"数据工具"选项组中的"数据验证"按钮，选择"数据验证"命令，打开"数据验证"对话框，如图 3-10 所示。验证条件需要根据所选择的数据类型进行相应的设置。数据可以是介于、未介于、等于、不等于、大于、小于、大于或等于、小于或等于，如图 3-11 所示。

图 3-10　"数据验证"对话框

图 3-11　范围条件

2. 输入信息设置

输入信息设置是指针对用户录入数据而指定提示信息（见图 3-12）。当用户向单元格中输入数据时，系统会自动显示输入信息设置所指定的提示信息（见图 3-13）。

图 3-12　指定提示信息

图 3-13　提示信息

3. 出错警告设置

出错警告设置是指针对用户录入错误数据而指定警告信息。当用户输入错误数据时，系统会按照出错警告的设置内容向用户显示警告信息，如学生成绩录入错误时给出出错警告信息（见图 3-14）。

班级	姓名	性别	出生日期	高等数学	英语	物理	总成绩
信管01	林家仪	女	2003年4月5日	101			
信管01	刘丽丽	女	2003年10月18日				

图 3-14　出错警告信息

【例题 3-4】对工作表中的成绩所在列设置数据验证，只能输入范围在 0～100 的整数。在数据录入过程中，系统会提示标题为"成绩录入"、内容为"有效范围：0～100"的输入信息；若产生录入错误，系统会弹出标题为"成绩录入错误"、内容为"成绩范围：0～100"的出错警告信息。

3-2　数据验证设置

在成绩列中选定需要设置数据验证的单元格或单元格区域。具体操作步骤如下。

① 在"数据"选项卡的"数据工具"选项组中，单击"数据验证"按钮，选择"数据验证"命令，打开"数据验证"对话框。

② 在"设置"选项卡中，通过"允许"下拉列表指定数据类型为"整数"，通过"数据"下拉列表指定需要满足的范围条件是介于最小值 0 和最大值 100 之间（见图 3-15）。

③ 在"输入信息"选项卡中，勾选"选定单元格时显示输入信息"复选框，然后指定"标题"为"成绩录入"，输入信息的内容为"有效范围：0～100"（见图 3-16）。

图 3-15　数据范围设置　　　　图 3-16　输入信息设置

④ 在"出错警告"选项卡中，勾选"输入无效数据时显示出错警告"复选框，指定"标题"为"成绩录入错误"，错误信息的内容为"成绩范围：0～100"，如图 3-17 所示。

⑤ 单击"确定"按钮，完成设置。

当用户在已设置了数据验证的单元格中输入信息时，系统会给出图3-18所示的提示信息；如果用户输入了无效数据，当离开该单元格时，系统会弹出图3-19所示的出错警告信息。

图 3-17　出错警告设置

图 3-18　录入范围提示

图 3-19　录入错误警告

4．圈出无效数据

某个工作表中显示了信管01班同学数据结构、操作系统的成绩。选定成绩区域（D2:E4），单击"数据"选项卡，单击其中的"数据验证"按钮，选择"数据验证"命令，在打开的对话框中设置有效数据介于最小值60和最大值100之间，单击"确定"按钮，如图3-20所示。

图 3-20　设置验证信息

再次单击"数据验证"按钮，选择其中的"圈释无效数据"命令（见图 3-21），便可得到图 3-22 所示的结果，即圈出不在 60～100 的数据，也就是成绩不及格的单元格会被圈出来。单击"数据验证"按钮，选择其中的"清除验证标识圈"命令，工作表会回到最初的状态。

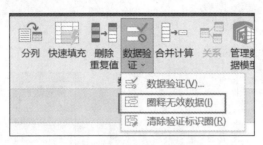

图 3-21　圈释无效数据

	A	B	C	D	E
	班级	姓名	出生日期	数据结构	操作系统
	信管01	林家仪	2003/4/5	46	65
	信管01	刘丽丽	2003/10/18	67	78
	信管01	章乐	2002/12/23	89	93

图 3-22　不满足条件的无效数据被圈出

3.2.2　限制数据录入

Excel 的数据验证功能可以为用户提供一种录入限制数据的下拉列表。例如，用户需要在工作表中录入性别和学院两项内容。录入性别时，只有"男"和"女"两个选项；进行学院的录入前，需要根据不同学校的具体学院设置情况进行录入，录入时要求提供选择项。针对这种情况，可以通过设置下拉列表，实现单元格内容的选择录入，以保证录入内容的正确性。

1．固定内容的下拉列表

由于性别只有"男"和"女"两个固定选项，因此采用固定内容的下拉列表来实现。操作过程如下。

① 在"性别"列中选定需要使用下拉列表的单元格或单元格区域。

② 在"数据"选项卡的"数据工具"选项组中，单击"数据验证"按钮，选择"数据验证"命令，打开"数据验证"对话框。

③ 在"设置"选项卡中，通过"允许"下拉列表指定数据类型为"序列"，在"来源"文本框中直接输入列表内容"男,女"（注意其中的逗号必须是英文格式的），而且必须勾选"提供下拉箭头"复选框，如图 3-23 所示。

④ 单击"确定"按钮，完成"性别"列的下拉列表设置，数据录入效果如图 3-24 所示。

2．可变内容的下拉列表

用户在工作表中录入学院信息前，需要根据不同学校的具体情况进行设置。录入时内容会有所变化，可以采用可变内容的下拉列表来实现。在进行数据验证设置之前，要先添加下拉列表中的数据。创建学院下拉列表的操作步骤如下。

① 在工作表中任意选择一列来添加下拉列表中的数据，如在单元格区域 F1:F7 中设置各个学

院的名称。

② 在"学院"列中选定需要使用下拉列表的单元格或单元格区域。

③ 在"数据"选项卡的"数据工具"选项组中，单击"数据验证"按钮，选择"数据验证"命令，打开"数据验证"对话框。

④ 在"设置"选项卡中，通过"允许"下拉列表指定数据类型为"序列"，在"来源"文本框中通过区域拾取器选择$F$1:$F$7 单元格区域，注意必须勾选"提供下拉箭头"复选框，如图 3-25 所示。

图 3-23 设置固定内容的下拉列表

图 3-24 固定内容的下拉列表

图 3-25 设置可变内容的下拉列表

⑤ 单击"确定"按钮，完成"学院"列的下拉列表设置，数据录入效果如图 3-26 所示。

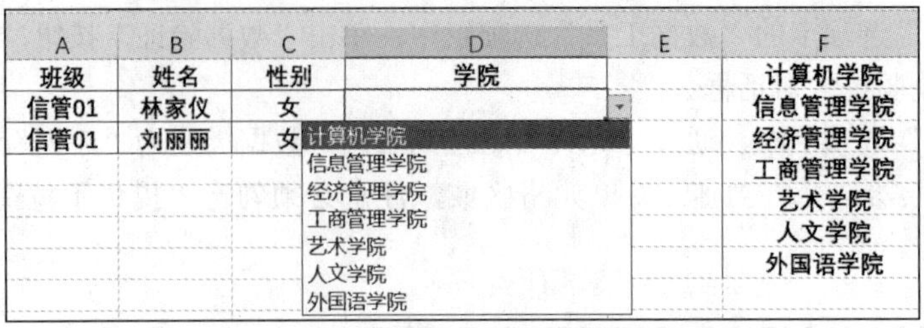

图 3-26　可变内容的下拉列表

3.3　数据排序

工作表通常包含标题和数据两个部分。数据的每一行对应一条记录，每一列对应一个字段。数据排序是数据分析不可缺少的步骤。排序就是按照用户指定的某一列（单个字段）或多列（多个字段）中的数据，对所有记录按某种规则排列。数据排序要求每列中的数据类型相同，而且不允许有空行或空列，也不能有合并的单元格。对于数值型数据，排序只有两种，即递增和递减。排序后的数据也称为顺序统计量。

3.3.1　排序规则

在 Excel 中，不仅可以按单元格中的数据（可以是文本、数字或日期和时间）进行排序，还可以按照自定义序列、单元格颜色、字体颜色或图标等进行排序。排序规则如下。

（1）数字按照值大小排序，升序按从小到大排序，降序按从大到小排序。

（2）英文按照字母顺序排序，升序按 A～Z 排序，降序按 Z～A 排序，而且大写字母＜小写字母。

（3）汉字可以按照拼音字母的顺序排序，升序按 A～Z 排序，降序按 Z～A 排序；也可以按照笔画的顺序排序。

（4）日期和时间按日期、时间的先后顺序排序，升序按从前到后的顺序排序，降序按从后向前的顺序排序。

（5）自定义序列在定义时所指定的顺序是从小到大。

（6）只有设置了单元格颜色、字体颜色或者使用条件格式进行了颜色设置，才能按颜色进行排序。同样，只有使用条件格式创建了图标集，才能按图标进行排序。

3.3.2　单字段排序

单字段排序能够满足将工作表中的所有数据按照表中的某一列数据进行升序（从小到大）或降序（从大到小）排列的需求。

若要按照单个列（字段）进行排序，要先选中要排序的字段列，或者选中该列的任意一个单元格，然后通过执行下列操作之一来完成排序。

（1）在"数据"选项卡的"排序和筛选"选项组中单击"排序"按钮，若要按照升序排列则单击"升序"按钮，若要按照降序排序列则单击"降序"按钮。

（2）在"开始"选项卡的"编辑"选项组中，单击"排序和筛选"按钮，然后选择"升序"或"降序"命令。

　　单字段排序可以按文本排序、按数字排序、按日期排序、按颜色排序（单元格有颜色为前提）等。

1. 按文本排序

　　例如，对学生成绩数据（字段有班级、姓名、性别、出生日期、数据结构、操作系统、大学英语、总成绩）分别按照"班级"字段进行单字段升序排列，按照"性别"字段进行降序排列。

　　操作步骤：单击工作表中任意一个单元格，单击"数据"选项卡中的"排序"按钮，打开"排序"对话框，进行字段排序设置，将"主关键字"设置为"班级"，"次序"设置为"升序"，如图 3-27 所示，单击"确定"按钮，得到排序结果，如图 3-28 所示。

　　按性别排序的操作与此相似。

图 3-27　"排序"对话框

班级	姓名	性别	出生日期	数据结构	操作系统	大学英语	总成绩
信管01	林家仪	女	2003/4/5	46	65	87	198
信管01	熊建国	男	2002/9/12	67	70	78	215
信管01	章乐	男	2002/12/23	89	93	93	275
信管02	蓝天	男	2003/7/3	87	94	86	267
信管02	刘丽丽	女	2003/10/18	67	78	90	235
信管03	李梅	女	2003/6/5	76	90	80	246

图 3-28　按班级升序排列结果

2. 按数字排序

　　对学生成绩数据（字段有班级、姓名、性别、出生日期、数据结构、操作系统、大学英语、总成绩）按照"总成绩"字段进行单字段降序排列。选中数据中的"总成绩"字段，单击"数据"选项卡中的"排序"按钮，打开图 3-29 所示的"排序提醒"对话框。

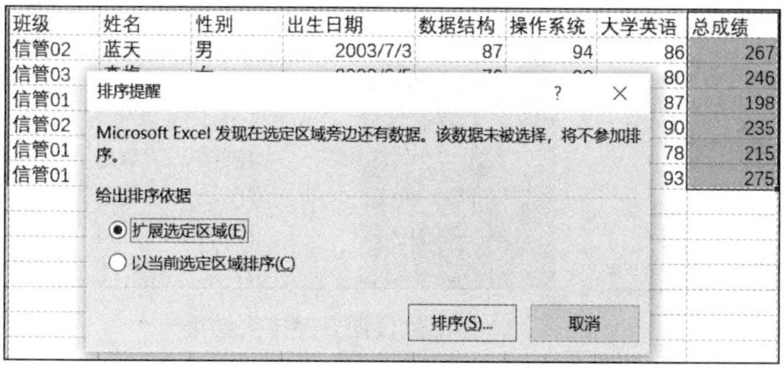

图 3-29　"排序提醒"对话框

选择"扩展选定区域"选项，单击"排序"按钮，进入"排序"对话框，选择"主要关键字"为"总成绩"，"次序"为"降序"，排序结果如图 3-30 所示。

班级	姓名	性别	出生日期	数据结构	操作系统	大学英语	总成绩
信管01	章乐	男	2002/12/23	89	93	93	275
信管02	蓝天	男	2003/7/3	87	94	86	267
信管03	李梅	女	2003/6/5	76	90	80	246
信管02	刘丽丽	女	2003/10/18	67	78	90	235
信管01	熊建国	男	2002/9/12	67	70	78	215
信管01	林家仪	女	2003/4/5	46	65	87	198

图 3-30　按总成绩降序排列结果

3. 按日期排序

例如，对图 3-31 所示的学生成绩数据（字段有班级、姓名、性别、出生日期、数据结构、操作系统、大学英语、总成绩）按照"出生日期"字段进行单字段升序排列，结果如图 3-32 所示。

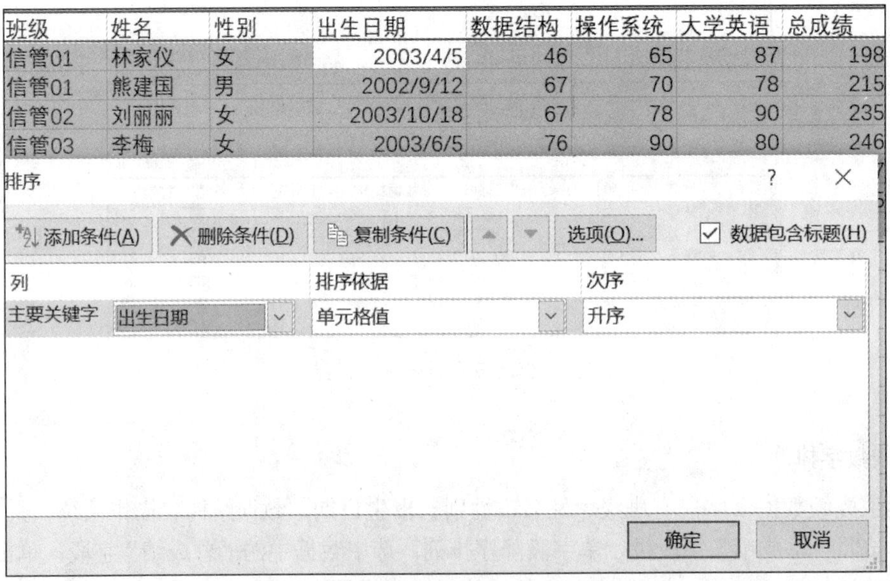

图 3-31　按出生日期升序排列设置

班级	姓名	性别	出生日期	数据结构	操作系统	大学英语	总成绩
信管01	熊建国	男	2002/9/12	67	70	78	215
信管01	章乐	男	2002/12/23	89	93	93	275
信管01	林家仪	女	2003/4/5	46	65	87	198
信管03	李梅	女	2003/6/5	76	90	80	246
信管02	蓝天	男	2003/7/3	87	94	86	267
信管02	刘丽丽	女	2003/10/18	67	78	90	235

图 3-32　按出生日期升序排列结果

4．按颜色排序

例如，学生成绩表（字段有班级、姓名、性别、出生日期、数据结构、操作系统、大学英语、总成绩）中的"数据结构"字段已经用条件格式进行了着色，对学生成绩表按"数据结构"字段的颜色进行排序的设置如图3-33所示，单击"确定"按钮，结果如图3-34所示。

图 3-33　按"数据结构"字段的颜色进行排序的设置

图 3-34　按"数据结构"字段的颜色排序的结果

3.3.3　多字段排序

如果仅根据一列数据进行排序，可能会遇到这一列中存在大量重复数据的情况。这时就需要使具有相同数据的数据继续按另一列或多列的内容进行排序，这就是多字段排序。操作步骤如下。

选择要排序的整个数据区域，或者选择数据区域中的任意一个单元格；在"数据"选项卡的"排序和筛选"选项组中，单击"排序"按钮，打开"排序"对话框；按顺序指定主要关键字、次要关键字后，单击"确定"按钮完成排序。

例如，对学生成绩数据（字段有班级、姓名、性别、出生日期、数据结构、操作系统、大学英语、总成绩）按照班级升序、总成绩降序进行排列，可以获得每个班级学生总成绩的排序情况。操作步骤如下。

① 在工作表中选择数据区域的任意一个单元格，在"数据"选项卡的"排序和筛选"选项组中，单击"排序"按钮，打开"排序"对话框。

② 指定"主要关键字"为"班级"，"次序"为"升序"。单击"添加条件"按钮，添加一个新的条件，指定"次要关键字"为"总成绩"，"次序"为"降序"，如图 3-35 所示。

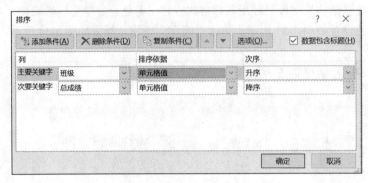

图 3-35 多字段排序设置

如果还有其他排序字段，重复单击"添加条件"按钮并进行设置即可。如果想要改变这些排序字段的顺序，可选择一个条目，然后单击"上移"或"下移"箭头进行调整。单击"选项"按钮，在"排序选项"对话框中可以设置是否区分英文字母大小写，是按行还是按列排序，汉字是按照拼音字母还是按照笔画进行排序，如图 3-36 所示。

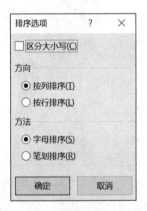

图 3-36 "排序选项"对话框

③ 单击"确定"按钮完成排序。排序后的结果如图 3-37 所示，首先按照"班级"升序排列，然后在同一个班内按"总成绩"降序排列。

班级	姓名	性别	出生日期	数据结构	操作系统	大学英语	总成绩
信管01	赵凯	男	2003/5/8	76	91	97	264
信管01	章乐	男	2002/12/23	76	93	93	262
信管01	林家仪	女	2004/4/5	90	65	87	242
信管01	熊建国	男	2003/9/12	90	70	78	238
信管02	张笑笑	女	2003/10/19	89	88	83	260
信管02	蓝天	男	2003/7/3	67	94	86	247
信管02	刘丽丽	女	2003/10/18	46	78	90	214
信管03	徐天天	男	2004/1/8	87	93	80	260
信管03	李梅	女	2003/6/5	67	90	80	237
信管03	李明	男	2004/2/5	82	87	59	228

图 3-37 多字段排序结果

3.3.4 自定义序列排序

在实际应用中，存在各种各样的排序需求。例如，学生成绩表中学生的成绩可以表示成优秀、良好、中等、及格、不及格等成绩等级，在进行学生成绩排序的时候可以考虑按照成绩等级排序。又如，对一个学校的教师档案数据（字段有教师编号、姓名、性别、出生日期、职称等）按职称级别（助教、讲师、副教授、教授）进行排序就是一个典型的个性化应用需求。在这种应用背景下可以采用 Excel 提供的自定义序列排序功能。该功能使用户能够根据实际问题给这些文本集合专门指定一个排序关系。实现 Excel 的自定义序列排序有两种方法，下面以上述两种情况分别展示两种方法。

【例题 3-5】将学生成绩表中的学生成绩按等级进行自定义序列排序。

方法一的操作过程如下。

① 在工作表中选择数据区域中的任意一个单元格，在"数据"选项卡的"排序和筛选"选项组中，单击"排序"按钮，打开"排序"对话框。

② 指定"主要关键字"为"成绩等级"，"次序"为"自定义序列"，并指定自定义序列，如图 3-38 和图 3-39 所示。

③ 单击"确定"按钮，系统会按自定义序列为数据排序。

3-3 学生成绩排序

图 3-38 自定义条件设置

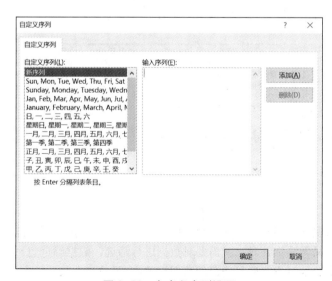

图 3-39 自定义序列设置

【例题 3-6】教师档案数据按照职称进行自定义序列排序。

方法二的操作过程如下。

单击"文件"选项卡下的"选项"按钮，打开"Excel 选项"对话框，在对话框左侧选择"高级"选项，在右侧找到"编辑自定义列表"按钮，如图 3-40 所示。单击该按钮打开"自定义序列"对话框，按"助教，讲师，副教授，教授"的顺序输入自定义序列内容，然后单击"添加"按钮将其添加到自定义序列中，添加完成后关闭对话框。

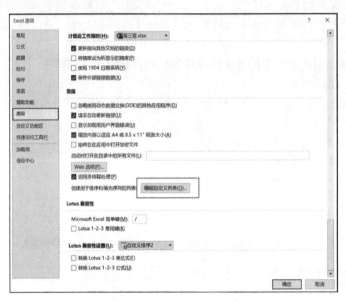

图 3-40 "编辑自定义列表"按钮

接下来的操作和学生成绩按等级自定义序列排序一样，即任意选定一个单元格，单击"数据"选项卡中的"排序"按钮，在打开的对话框中选择"主要关键字"为"职称"，"次序"为"自定义排序"，打开对话框，选择其中的"助教,讲师,副教授,教授"序列，单击"确定"按钮，即可将数据按该顺序排序，自定义序列排序结果如图 3-41 所示。

学院	姓名	性别	出生日期	职称
软件学院	熊建国	男	1990/9/12	助教
工商管理学院	林家仪	女	1987/4/5	讲师
信息管理学院	张笑笑	女	1992/3/19	讲师
人文学院	蓝天	男	1993/7/3	讲师
信息管理学院	李明	男	1980/2/5	副教授
人文学院	徐天天	男	1984/1/18	副教授
信息管理学院	李梅	女	1971/6/5	教授

图 3-41 自定义序列排序结果

3.4 数据筛选

在审核过程中发现的错误应尽可能纠正。调查结束后，当发现错误不能纠正，或者有些数据不符合调查的要求而又无法弥补时，就需要对数据进行筛选。数据筛选包括两个方面的内容：一是将某些不符合要求的数据或有明显错误的数据剔除；二是将符合某种特定条件的数据筛选出来，将不符合特定条件的数据剔除。数据筛选在市场调查、经济分析、管理决策中是十分重要的。

数据筛选就是在数据表中仅显示满足指定条件的数据，把不满足筛选条件的数据暂时隐藏起来，便于用户从众多的数据中检索有用的信息。常用的筛选方式有两种：自动筛选和高级筛选。自动筛选支持用户按照某一个数据列的内容筛选显示数据，而高级筛选允许用户指定复杂的筛选条件以得到更精简的筛选结果。

3.4.1　自动筛选

自动筛选一般用于简单的条件筛选，可以满足绝大部分的筛选需求。

1. 创建自动筛选

创建自动筛选的步骤如下。

选择数据区域中的任意一个单元格。在"数据"选项卡的"排序和筛选"选项组中，单击"筛选"按钮；或者在"开始"选项卡的"编辑"选项组中，单击"排序和筛选"按钮，选择"筛选"命令，切换到自动筛选状态。

此时工作表第一行中的每个列标题旁都会出现下拉箭头按钮，单击相应列的下拉箭头按钮，完成筛选条件的设置。

【例题 3-7】利用自动筛选功能，在学生成绩数据（字段有班级、姓名、性别、出生日期、数据结构、操作系统、大学英语、总成绩）中筛选出"信管 01"班"大学英语"成绩高于平均值的学生。

具体操作步骤如下。

① 选择数据区域中的任意一个单元格。

② 在"数据"选项卡的"排序和筛选"选项组中，单击"筛选"按钮，切换到自动筛选状态。

③ 单击"班级"列标题旁的下拉箭头按钮，系统会自动列出该数据列所有可选的数据元素，只勾选"信管 01"复选框，如图 3-42 所示。

图 3-42　自动筛选设置

④ 单击"确定"按钮，工作表中会立即显示数据筛选结果，如图 3-43 所示。

班级	姓名	性别	出生日期	数据结构	操作系统	大学英语	总成绩
信管01	赵凯	男	2003/5/8	76	91	97	264
信管01	章乐	男	2002/12/23	76	93	93	262
信管01	林家仪	女	2004/4/5	90	65	87	242
信管01	熊建国	男	2003/9/12	90	70	78	238

图 3-43　筛选结果

⑤ 单击"大学英语"列标题旁的下拉箭头按钮，选择"数字筛选"中的"高于平均值"选项，如图 3-44 所示，单击"确定"按钮，即可获得最终的数据筛选结果。

图 3-44　选择"高于平均值"选项

从这个例子中可以看出，在单个筛选结果的基础上，可以通过单击其他数据列的下拉箭头按钮来建立多个筛选条件，实现进一步筛选。但是要注意，自动筛选时的条件是通过多次选择构建的，每次筛选都是在前一次操作的基础上进行的。也就是说，自动筛选每次只能实现一个简单条件的筛选操作。

2．筛选条件设置

在自动筛选状态下，系统会根据要筛选的数据列的数据类型提供相应的筛选条件设置。

（1）文本筛选

文本筛选有等于、不等于、开头是、结尾是、包含、不包含等条件，如图 3-45 所示。如果希望筛选出姓"李"的学生，可以选择"文本筛选"中的"开头是"选项，并按图 3-46 所示的内容进行设置。

单击"确定"按钮，获得的文本筛选结果如图 3-47 所示。

图 3-45　文本筛选条件

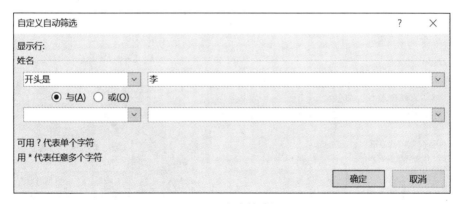

图 3-46　文本筛选设置

班级	姓名	性别	出生日期	数据结构	操作系统	大学英语	总成绩
信管03	李梅	女	2003/6/5	67	90	80	237
信管03	李明	男	2004/2/5	82	87	59	228

图 3-47　文本筛选结果

（2）数字筛选

数字筛选有等于、不等于、大于、大于或等于、小于等条件，如图 3-48 所示。如果希望筛选出

"数据结构"成绩在80~89分的学生，应该在"数据结构"列的"数字筛选"中选择"介于"选项。
在打开的"自定义自动筛选"对话框中同时设置两个条件，如图3-49所示，筛选结果如图3-50所示。

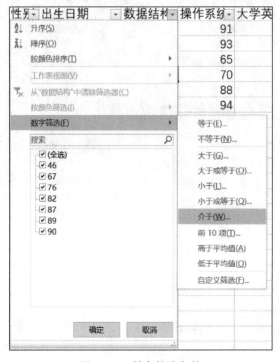

图 3-48　数字筛选条件

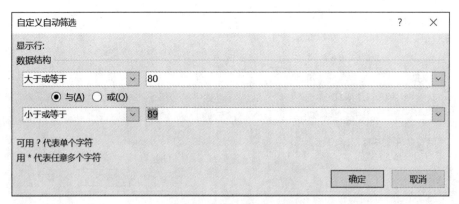

图 3-49　数字筛选设置

班级	姓名	性别	出生日期	数据结构	操作系统	大学英语	总成绩
信管02	张笑笑	女	2003/10/19	89	88	83	260
信管03	徐天天	男	2004/1/18	87	93	80	260
信管03	李明	男	2004/2/5	82	87	59	228

图 3-50　数字筛选结果

（3）日期筛选

日期筛选有等于、之前、之后、介于、本周、下月、上季度、本年度截止到现在等条件，如图 3-51 所示。如果希望筛选出六月出生的学生，应该在"出生日期"列的"日期筛选"中选择"期间所有日期"中的"六月"选项。

图 3-51 日期筛选条件

3．取消自动筛选

在自动筛选状态下，再次单击"筛选"按钮，则取消自动筛选状态，恢复到数据的原始状态。筛选数据后，单击"排序和筛选"选项组中的"清除"按钮，会清除已经设置的筛选条件，但是仍然处于自动筛选状态。

3.4.2 高级筛选

当需要进行复杂条件筛选，而自动筛选无法满足筛选要求时，用户可以通过为各个数据列同时指定不同的条件来实现对数据的高级筛选。用户进行高级筛选时可以一次设置多个筛选条件。

1．创建高级筛选条件区域

在高级筛选条件区域中需要指定各个数据列的筛选条件，创建操作步骤如下。

① 在工作表的空白位置输入要指定筛选条件的列名称。

② 在列名称下方相应行中输入该数据列的筛选条件表达式。这里同一行中不同列之间的筛选条件是"与"的关系，不同行之间的筛选条件是"或"的关系。

2．创建高级筛选

创建好高级筛选条件区域后，按照如下操作步骤进行高级筛选操作。

选择数据区域的任意一个单元格。在"数据"选项卡的"排序和筛选"选项组中，单击"高级"按钮，打开"高级筛选"对话框。

"高级筛选"对话框的"列表区域"文本框中自动显示了需要进行筛选的整个数据区域，单击"条件区域"文本框右侧的按钮，选择已经创建好的条件区域。

如果要将符合筛选条件的结果复制到指定的工作表区域中，应选择"方式"为"将筛选结果复制到其他位置"，默认情况下选择"在原有区域显示筛选结果"选项，只隐藏不符合条件的记录。

【例题 3-8】利用高级筛选功能，在学生成绩数据（字段有班级、姓名、性别、出生日期、数据结构、操作系统、大学英语、总成绩）中筛选出"数据结构""操作系统""大学英语"3 门课程的成绩均在 90 分以上（含 90 分）的学生，也就是筛选出各科全优的学生。

3-4 高级筛选

① 设置高级筛选条件区域

在工作表的空白位置创建筛选条件区域。因为要同时满足 3 个条件，是"与"的关系，所以 3 个条件在同一行中，如图 3-52 所示。

数据结构	操作系统	大学英语
>=90	>=90	>=90

图 3-52 "与"条件区域

② 创建高级筛选

选择数据区域的任意一个单元格，在"数据"选项卡的"排序和筛选"选项组中，单击"高级"按钮，打开"高级筛选"对话框。"高级筛选"对话框的"列表区域"文本框中自动显示了需要进行筛选的整个数据区域$A$1:$H$11，在"条件区域"文本框中利用区域拾取器选择已经创建好的条件区域$J$1:$L$2，如图 3-53 所示。

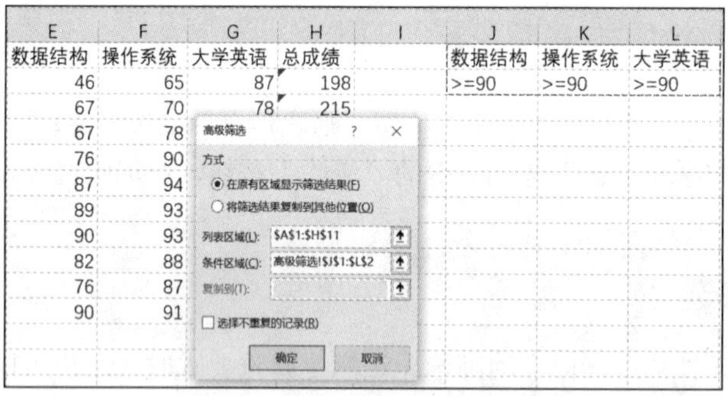

图 3-53 各科全优的高级筛选

单击"确定"按钮，即可得到各科全优的筛选结果。

【例题 3-9】利用高级筛选功能，在学生成绩数据（字段有班级、姓名、性别、出生日期、数据结构、操作系统、大学英语、总成绩）中筛选出"数据结构""操作系统""大学英语"3 门课程的成绩有一个在 90 分以上（含 90 分）的学生，也就是筛选出至少有一科优秀的学生。

① 设置高级筛选条件区域

在工作表的空白位置创建筛选条件区域。因为只要满足一个条件即可，是"或"的关系，所以将 3 个条件设置在不同行中，如图 3-54 所示。

数据结构	操作系统	大学英语
>=90		
	>=90	
		>=90

图 3-54 "或"条件区域

② 创建高级筛选

选择数据区域的任意一个单元格，在"数据"选项卡的"排序和筛选"选项组中，单击"高级"按钮，打开"高级筛选"对话框。

"高级筛选"对话框的"列表区域"文本框中自动显示了需要进行筛选的整个数据区域 $A$1:$H$11，在"条件区域"文本框中利用区域拾取器选择已经创建的条件区域$J$1:$L$4，如图 3-55 所示。单击"确定"按钮，即可获得筛选结果。

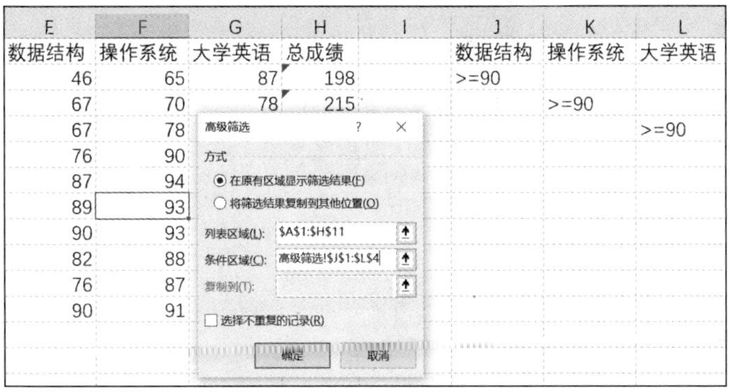

图 3-55 至少一科优秀的高级筛选

3. 高级筛选条件区域示例

（1）请筛选出信管 01 班和信管 02 班的所有学生

分析：筛选条件是班级（信管 01 和信管 02），只要满足一个条件即可，是"或"的关系，所以两个条件在不同行中，设置高级筛选条件区域，如图 3-56 所示，单击"确定"按钮，可获得图 3-57 所示的筛选结果。

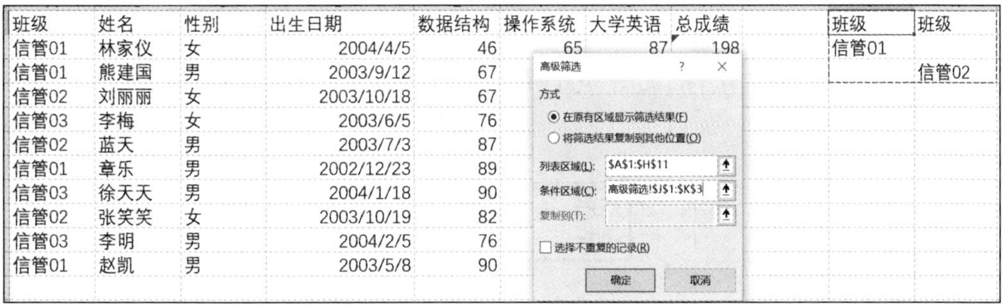

图 3-56 高级筛选条件区域设置（1）

班级	姓名	性别	出生日期	数据结构	操作系统	大学英语	总成绩
信管01	林家仪	女	2004/4/5	46	65	87	198
信管01	熊建国	男	2003/9/12	67	70	78	215
信管02	刘丽丽	女	2003/10/18	67	78	90	235
信管02	蓝天	男	2003/7/3	87	94	86	267
信管01	章乐	男	2002/12/23	89	93	93	275
信管02	张笑笑	女	2003/10/19	82	88	83	253
信管01	赵凯	男	2003/5/8	90	91	97	278

图 3-57 筛选结果（1）

（2）筛选出姓"李"，"大学英语"成绩在 70～90 分的学生

分析：筛选条件是姓名以"李"开头并且英语成绩在 70～90 分，是"与"的关系，所以 3 个条件在同一行中，如图 3-58 所示，其中"﹡"表示任意多个字符，"李﹡"表示以"李"开头的姓名。如果想表示任意一个字符，则使用"？"。

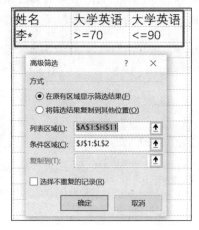

图 3-58　高级筛选条件区域设置（2）

筛选结果如图 3-59 所示。

班级	姓名	性别	出生日期	数据结构	操作系统	大学英语	总成绩
信管03	李梅	女	2003/6/5	76	90	80	246

图 3-59　筛选结果（2）

（3）筛选出姓名中含"明"，"总成绩"在 200 分以上（含 200 分）的学生

分析：筛选条件是姓名中包含"明"并且"总成绩"在 200 分以上（含 200 分），是"与"的关系，所以两个条件在同一行中，如图 3-60 所示。单击"确定"按钮，获得的筛选结果如图 3-61 所示。

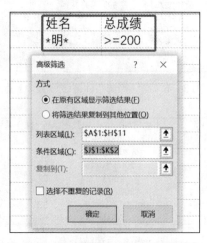

图 3-60　高级筛选条件区域设置（3）

班级	姓名	性别	出生日期	数据结构	操作系统	大学英语	总成绩
信管03	李明	男	2004/2/5	76	87	59	222

图 3-61　筛选结果（3）

（4）筛选出 2003 年出生的学生

分析：筛选条件是出生日期在 2003/1/1～2003/12/31，是"与"的关系，所以两个条件在同一行中，如图 3-62 所示。

图 3-62　高级筛选条件区域设置（4）

4．取消高级筛选

单击"排序和筛选"选项组中的"清除"按钮，可清除已经设置的高级筛选条件，恢复到原始状态。

3.4.3　删除重复记录

在 Excel 中，重复记录指的是在一个或多个列中具有相同值的行。在图 3-63 所示的工作表中，第 3 行记录和第 5 行记录就是完全相同的两条记录，除此以外，第 2 行记录和第 6 行记录也是一组相同记录。在有些情况下，用户希望找出并删除某几个字段值相同的重复记录，如第 7 行记录和第 14 行记录中的"姓名"字段的内容相同，但其他字段的内容不完全相同。

	班级	姓名	性别	出生日期	来自省份/直辖市
1	班级	姓名	性别	出生日期	来自省份/直辖市
2	信管01	林家仪	女	2004/4/5	江西
3	信管01	熊建国	男	2003/9/12	福建
4	信管02	刘丽丽	女	2003/10/18	广东
5	信管01	熊建国	男	2003/9/12	福建
6	信管01	林家仪	女	2004/4/5	江西
7	信管03	李梅	女	2003/6/5	江西
8	信管02	蓝天	男	2003/7/3	上海
9	信管01	章乐	男	2002/12/23	浙江
10	信管03	徐天天	男	2004/1/18	广东
11	信管02	张笑笑	女	2003/10/19	江西
12	信管03	李明	男	2004/2/5	江西
13	信管01	赵凯	男	2003/5/8	山东
14	信管01	李梅	女	2004/8/9	广西

图 3-63　带有重复记录的工作表

在 Excel 中，删除重复记录的操作可以利用 Excel 的"删除重复项"功能或高级筛选功能实现，高级筛选功能是删除重复记录的利器。

1. 利用"删除重复项"功能删除重复记录

其操作步骤如下。

① 选择数据区域的任意一个单元格，在"数据"选项卡的"数据工具"选项组中，单击"删除重复项"按钮，打开"删除重复值"对话框，如图 3-64 所示。

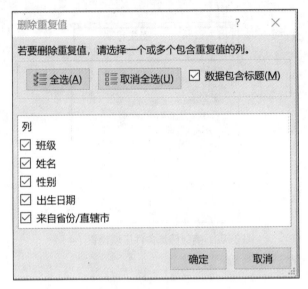

图 3-64 "删除重复值"对话框

② 在"删除重复值"对话框中勾选重复数据所在的列（字段）。如果要求删除所有字段内容都相同的记录，就要把所有列都勾选上（见图 3-64），单击"确定"按钮，得到图 3-65 所示的结果。此处勾选了所有字段，所以只删除字段内容完全相同的记录。

图 3-65 删除字段内容完全相同的记录

③ 如果要删除某些列内容相同的记录，那么只需要勾选相应的列。

④ 在上述实例中，还有两条记录中存在相同的姓名"李梅"，打开"删除重复值"对话框，勾选 "姓名"，单击"确定"按钮，得到图 3-66 所示的结果。

图 3-66　删除单个字段重复的结果

⑤ 单击"确定"按钮，得到删除重复记录之后的数据表，删除的行会自动由下方的行填补，并且不会影响数据表以外的其他区域。

2．利用高级筛选功能删除重复记录

其操作步骤如下。

① 选择数据区域的任意一个单元格，在"数据"选项卡的"排序和筛选"选项组中，单击"高级"按钮，打开"高级筛选"对话框。"高级筛选"对话框的"列表区域"文本框中自动显示了需要进行筛选的整个数据区域；筛选方式一般选择"将筛选结果复制到其他位置"，以便进行删除重复记录以后的处理操作；在指定这种方式时，会要求用户指定复制到哪里，也就是删除重复记录以后的数据列表的放置位置，只需指定所要存放位置的第一个单元格即可，假设指定为 G1 单元格；**必须勾选"选择不重复的记录"复选框**。图 3-67 显示了利用高级筛选功能删除重复记录的设置。

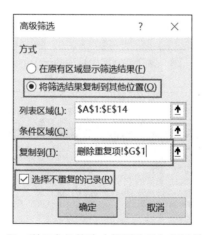

图 3-67　利用高级筛选功能删除重复记录的设置

② 单击"确定"按钮，得到的结果如图 3-68 所示，从 G1 单元格开始的区域中生成了删除重复记录后的数据清单。从结果中可以看出，采用高级筛选功能删除重复记录只能删除其中字段

内容完全相同的记录，而只有单个字段是相同的记录不会被删除，如表格中的李梅出现了两次，在执行完高级筛选后仍然被保留下来了。

	A	B	C	D	E	F	G	H	I	J	K
1	班级	姓名	性别	出生日期	来自省份/直辖市		班级	姓名	性别	出生日期	来自省份/直辖市
2	信管01	林家仪	女	2004/4/5	江西		信管01	林家仪	女	2004/4/5	江西
3	信管01	熊建国	男	2003/9/12	福建		信管01	熊建国	男	2003/9/12	福建
4	信管02	刘丽丽	女	2003/10/18	广东		信管02	刘丽丽	女	2003/10/18	广东
5	信管01	熊建国	男	2003/9/12	福建		信管03	李梅	女	2003/6/5	江西
6	信管01	林家仪	女	2004/4/5	江西		信管02	蓝天	男	2003/7/3	上海
7	信管03	李梅	女	2003/6/5	江西		信管01	章乐	男	2002/12/23	浙江
8	信管02	蓝天	男	2003/7/3	上海		信管03	徐天天	男	2004/1/18	广东
9	信管01	章乐	男	2002/12/23	浙江		信管02	张笑笑	女	2003/10/19	江西
10	信管03	徐天天	男	2004/1/18	广东		信管03	李明	男	2004/2/5	江西
11	信管03	张笑笑	女	2003/10/19	江西		信管01	赵凯	男	2003/5/8	山东
12	信管03	李明	男	2004/2/5	江西		信管01	李梅	女	2004/8/9	广西
13	信管01	赵凯	男	2003/5/8	山东						
14	信管01	李梅	女	2004/8/9	广西						
15											

图 3-68 利用高级筛选功能删除重复记录的结果

③ 在进行高级筛选时将整个数据区域 A1:E14 作为数据的列表区域，所以只删除字段内容完全相同的重复记录。在具体操作过程中，如果想使用高级筛选功能删除部分字段相同的记录，其操作步骤为：选定相同字段所在的区域作为列表区域，筛选方式选择"在原有区域显示筛选结果"，勾选"选择不重复的记录"复选框，如图 3-69 所示。其筛选结果如图 3-70 所示。

图 3-69 删除部分字段相同的记录的设置

	A	B	C	D	E
1	班级	姓名	性别	出生日期	来自省份/直辖市
2	信管01	林家仪	女	2004/4/5	江西
3	信管01	熊建国	男	2003/9/12	福建
4	信管02	刘丽丽	女	2003/10/18	广东
7	信管03	李梅	女	2003/6/5	江西
8	信管02	蓝天	男	2003/7/3	上海
9	信管01	章乐	男	2002/12/23	浙江
10	信管03	徐天天	男	2004/1/18	广东
11	信管02	张笑笑	女	2003/10/19	江西
12	信管03	李明	男	2004/2/5	江西
13	信管01	赵凯	男	2003/5/8	山东
15					

图 3-70 删除部分字段相同的记录的结果

需要说明的是，对于"姓名"字段相同的记录，保留的是最先出现的记录。例如，在第 7 行和第 14 行的"李梅"之间，Excel 保留的是最先出现的第 7 行记录，而删除的是后面出现的第 14 行记录。

3.5　数据分类汇总

Excel 的分类汇总是指在对原始数据按某列的内容进行分类（排序）的基础上，分别对每一类数据进行统计计算。具体来讲，分类汇总就是把资料进行数据化后，先按照某一标准进行分类，然后在分完类的基础上分别对各类别的相关数据进行求和、求平均数、求个数、求最大值、求最小值等。Excel 中的分类汇总功能支持在同一个工作表中提供多次不同汇总结果的显示。

3.5.1　创建分类汇总

Excel 要求在进行分类汇总之前，对数据按分类字段进行排序。在有序数据的基础上，通过指定分类汇总方式，得到汇总结果。分类汇总的操作步骤如下。

① 按分类字段进行排序。

② 在"数据"选项卡的"分级显示"选项组中，单击"分类汇总"按钮，打开"分类汇总"对话框。

③ 在"分类汇总"对话框中进行设置。"分类汇总"对话框设置的内容如下。

分类字段：选择要分类的字段。

汇总方式：选择汇总方式，可以是求和、计数、平均值、最大值、最小值、乘积、数值计数、标准偏差、总体标准偏差、方差、总体方差等。

选定汇总项：勾选要计算的字段，可以根据需要勾选一个或多个需要汇总的字段。

替换当前分类汇总：用当前新建立的分类汇总替代原来的分类汇总。

每组数据分页：将每个类别的汇总结果自动分页显示。

汇总结果显示在数据下方：指定汇总结果位于数据的下方。

若要进行多级分类汇总，重复上述操作，但一定注意不要勾选"替换当前分类汇总"复选框。

【例题 3-10】有一个学生成绩表（字段有班级、姓名、性别、出生日期、数据结构、操作系统、大学英语、总成绩），要求按班级和性别分别汇总数据结构、操作系统和大学英语 3 门课程的平均成绩。

分析：首先要按照班级和性别进行排序，然后分别按班级和性别进行分类汇总操作。

3-5　分类汇总

① 选择数据区域中的任意一个单元格，在"数据"选项卡的"排序和筛选"选项组中，单击"排序"按钮，打开"排序"对话框，指定"主要关键字"为"班级"，"次要关键字"为"性别"，如图 3-71 所示，设置完毕后单击"确定"按钮关闭该对话框。

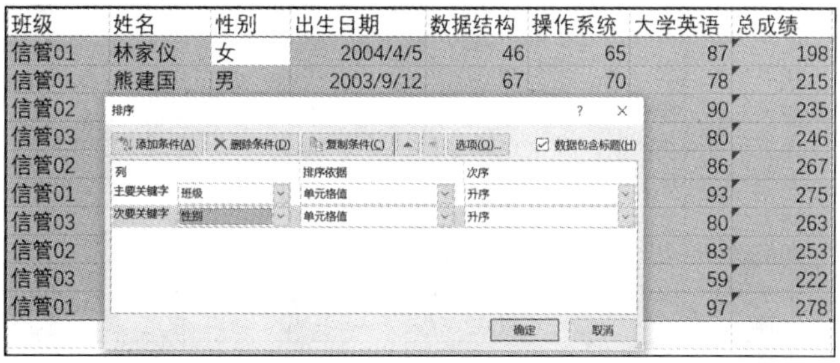

图 3-71　按班级和性别排序

② 在"数据"选项卡的"分级显示"选项组中，单击"分类汇总"按钮，打开"分类汇总"对话框，设置按班级汇总数据结构、操作系统和大学英语 3 门课程的平均成绩，如图 3-72 所示。

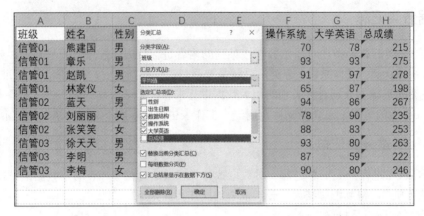

图 3-72　按班级汇总数据结构、操作系统和大学英语 3 门课程的平均成绩

③ 单击"确定"按钮，完成分类汇总，汇总结果如图 3-73 所示。

	班级	姓名	性别	出生日期	数据结构	操作系统	大学英语	总成绩
1	班级	姓名	性别	出生日期	数据结构	操作系统	大学英语	总成绩
2	信管01	熊建国	男	2003/9/12	67	70	78	215
3	信管01	章乐	男	2002/12/23	89	93	93	275
4	信管01	赵凯	男	2003/5/8	90	91	97	278
5	信管01	林家仪	女	2004/4/5	46	65	87	198
6	**信管01 平均值**				73	79.75	88.75	
7	信管02	蓝天	男	2003/7/3	87	94	86	267
8	信管02	刘丽丽	女	2003/10/18	67	78	90	235
9	信管02	张笑笑	女	2003/10/19	82	88	83	253
10	**信管02 平均值**				78.66667	86.66667	86.33333	
11	信管03	徐天天	男	2004/1/18	90	93	80	263
12	信管03	李明	男	2004/2/5	76	87	59	222
13	信管03	李梅	女	2003/6/5	76	90	80	246
14	**信管03 平均值**				80.66667	90	73	
15	**总计平均值**				77	84.9	83.3	

图 3-73　按班级分类汇总的结果

④ 同样地，要实现按性别对成绩进行分类汇总，要先以"性别"为主要关键字进行排序，结果如图 3-74 所示。

班级	姓名	性别	出生日期	数据结构	操作系统	大学英语	总成绩
信管01	熊建国	男	2003/9/12	67	70	78	215
信管01	章乐	男	2002/12/23	89	93	93	275
信管01	赵凯	男	2003/5/8	90	91	97	278
信管02	蓝天	男	2003/7/3	87	94	86	267
信管03	徐天天	男	2004/1/18	90	93	80	263
信管03	李明	男	2004/2/5	76	87	59	222
信管01	林家仪	女	2004/4/5	46	65	87	198
信管02	刘丽丽	女	2003/10/18	67	78	90	235
信管02	张笑笑	女	2003/10/19	82	88	83	253
信管03	李梅	女	2003/6/5	76	90	80	246

图 3-74　以"性别"为主要关键字进行排序的结果

⑤ 接着在"数据"选项卡的"分级显示"选项组中，单击"分类汇总"按钮，打开"分类汇总"对话框，设置按性别汇总数据结构、操作系统和大学英语 3 门课程的平均成绩，并取消勾选"替换当前分类汇总"复选框，如图 3-75 所示。

图 3-75　按性别进行分类汇总设置

⑥ 单击"确定"按钮，完成分类汇总，结果如图 3-76 所示。

	A	B	C	D	E	F	G	H
1	班级	姓名	性别	出生日期	数据结构	操作系统	大学英语	总成绩
2	信管01	熊建国	男	2003/9/12	67	70	78	215
3	信管01	章乐	男	2002/12/23	89	93	93	275
4	信管01	赵凯	男	2003/5/8	90	91	97	278
5	信管02	蓝天	男	2003/7/3	87	94	86	267
6	信管03	徐天天	男	2004/1/18	90	93	80	263
7	信管03	李明	男	2004/2/5	76	87	59	222
8			男 平均值		83.16667	88	82.16667	
9	信管01	林家仪	女	2004/4/5	46	65	87	198
10	信管02	刘丽丽	女	2003/10/18	67	78	90	235
11	信管02	张笑笑	女	2003/10/19	82	88	83	253
12	信管03	李梅	女	2003/6/5	76	90	80	246
13			女 平均值		67.75	80.25	85	
14			总计平均值		77	84.9	83.3	

图 3-76　按性别分类汇总的结果

也可以在按班级分类汇总的基础上，继续按性别进行第二次分类汇总，并在第二次分类汇总时不勾选"替换当前分类汇总"复选框，实现分类汇总的嵌套。如果在第二次分类汇总时勾选了

"替换当前分类汇总"复选框，将只保留按性别分类汇总的结果，同时删除第一次按班级分类汇总的结果，如图 3-77 所示。

班级	姓名	性别	出生日期	数据结构	操作系统	大学英语	总成绩
		男 平均值		82	84.66667	89.33333	
		女 平均值		46	65	87	
信管01 平均值				73	79.75	88.75	
		男 平均值		83.5	96.5	91	
		女 平均值		74.5	83	86.5	
信管02 平均值				79	89.75	88.75	
		男 平均值		83	90	69.5	
		女 平均值		81.5	83	84	
信管03 平均值				82.25	86.5	76.75	
总计平均值				78.08333	85.33333	84.75	

图 3-77　分类汇总嵌套

3.5.2　分级显示分类汇总

分类汇总完成后，分类汇总结果的左侧会出现分级显示符号和分级标识线。通常，完成一次分类汇总后分为 3 个级别，嵌套一次分类汇总后分为 4 个级别，依次类推。用户可以根据需要分级显示数据。

例如，单击 1 级显示符号，只显示总的汇总结果，即总计平均值，其他级别的数据会被隐藏起来。

单击 2 级显示符号，将同时显示第 1 级和第 2 级的数据，即总计平均值和各个班级的平均值，其他级别的数据会被隐藏起来。

单击 3 级显示符号，将同时显示第 1 级、第 2 级和第 3 级的数据，即总计平均值、各个班级的平均值、各班男女的平均值，其他级别的数据会被隐藏起来。

单击 4 级显示符号，将显示全部数据，如图 3-78 所示。

	A	B	C	D	E	F	G	H
1	班级	姓名	性别	出生日期	数据结构	操作系统	大学英语	总成绩
2	信管01	熊建国	男	12/9/2003	67	70	78	215
3	信管01	章乐	男	23/12/2002	89	93	93	275
4	信管01	赵凯	男	8/5/2003	90	91	97	278
5			男 平均值		82	84.66667	89.33333	
6	信管01	林家仪	女	5/4/2004	46	65	87	198
7			女 平均值		46	65	87	
8	信管01 平均值				73	79.75	88.75	
9	信管02	蓝天	男	3/7/2003	87	94	86	267
10	信管02	王方	男	3/1/2004	80	99	96	275
11			男 平均值		83.5	96.5	91	
12	信管02	刘丽丽	女	18/10/2003	67	78	90	235
13	信管02	张笑笑	女	19/10/2003	82	88	83	253
14			女 平均值		74.5	83	86.5	
15	信管02 平均值				79	89.75	88.75	
16	信管03	徐天天	男	18/1/2004	90	93	80	263
17	信管03	李明	男	5/2/2004	76	87	59	222
18			男 平均值		83	90	69.5	
19	信管03	李梅	女	5/6/2003	76	90	80	246
20	信管03	李文	女	5/3/2004	87	76	88	251
21			女 平均值		81.5	83	84	
22	信管03 平均值				82.25	86.5	76.75	
23	总计平均值				78.08333	85.33333	84.75	

图 3-78　4 级分类汇总

如果需要查看或隐藏某一类的详细数据，可以单击分级标识线上的"+"或"-"符号，以展开或折叠详细数据。

3.5.3 复制分类汇总结果

如果用户需要将分类汇总的结果复制到其他位置或其他工作表中，不能采用直接复制、粘贴的方法。因为分类汇总时有些明细数据只是隐藏了，直接复制、粘贴会将整个数据区域一并复制。复制分类汇总结果的具体操作为：显示要复制的汇总数据，隐藏其他数据，单击分类汇总结果区的单一单元格；在"开始"选项卡的"编辑"选项组中，单击"查找和选择"按钮，选择"定位条件"命令，打开"定位条件"对话框；在"定位条件"对话框中选择"可见单元格"选项，如图 3-79 所示，设置完成后单击"确定"按钮关闭对话框；此时执行复制操作，将不会复制那些隐藏的明细数据，然后选定目标位置，执行粘贴操作即可。

图 3-79 选择"可见单元格"选项

例如，将图 3-80 所示的按班级汇总的数据结构、操作系统、大学英语 3 门课程平均成绩复制到另一个工作表中。

	A	B	C	D	E	F	G	H
1	班级	姓名	性别	出生日期	数据结构	操作系统	大学英语	总成绩
8	信管01 平均值				73	79.75	88.75	
15	信管02 平均值				79	89.75	88.75	
22	信管03 平均值				82.25	86.5	76.75	
23	总计平均值				78.08333	85.33333	84.75	

图 3-80 复制前的分类汇总结果

在分类汇总结果的左侧单击 2 级显示符号，显示按班级汇总的平均值（即总计平均值和各个班级的平均值），其中很多记录被隐藏了，只显示了 1、8、15、22、23 等行。单击其中任意一个单元格，在"开始"选项卡的"编辑"选项组中，单击"查找和选择"按钮，选择"定位条件"命令，打开"定位条件"对话框。在"定位条件"对话框中选择"可见单元格"选项，单击"确定"按钮关闭对话框。

执行复制操作，然后选定目标位置，执行粘贴操作即可，复制结果如图 3-81 所示，其中行号变成了 1～5，中间没有隐藏的行。

	A	B	C	D	E	F	G	H
1	班级	姓名	性别	出生日期	数据结构	操作系统	大学英语	总成绩
2	信管01 平均值				73	79.75	88.75	
3	信管02 平均值				79	89.75	88.75	
4	信管03 平均值				82.25	86.5	76.75	
5	总计平均值				78.08333	85.33333	84.75	

图 3-81　复制后的分类汇总结果

3.5.4　删除分类汇总

删除分类汇总，使工作表回到原始状态的操作步骤如下。

① 单击包含分类汇总的任意一个单元格。

② 在"数据"选项卡的"分级显示"选项组中，单击"分类汇总"按钮。

③ 在打开的"分类汇总"对话框中单击"全部删除"按钮。

3.6　应用实例——学生成绩数据管理

3.6.1　创建输入数据的下拉列表

在新工作表中输入要显示在下拉列表中的条目，如图 3-82 所示。

	A	B	C	D	E
1	学院	经济与管理学院相关专业	数理学院相关专业	计算机学院相关专业	空白列
2	经济与管理学院	工商管理	信息与计算科学	计算机科学与技术	
3	数理学院	会计学	应用物理学	软件工程	
4	计算机学院	财务管理		信息安全	
5		人力资源管理		物联网工程	
6		工程造价		网络工程	

图 3-82　输入条目

在原工作表中选择想要显示下拉列表的单元格，这里选择了 C1 单元格，如图 3-83 所示。

	A	B	C	D	E
1	班级	姓名	性别	学院	专业
2	财务01	李淑子			
3	财务02	冯天民			
4	财务03	郭东斌			

图 3-83　选择想要显示下拉列表的单元格

"性别"列的下拉列表设置：通过"允许"下拉列表指定数据类型为"序列"，在"来源"文本框中输入"男,女"（注意逗号必须是英文格式的），数据验证设置如图3-84所示。

图 3-84 数据验证设置

"性别"列的下拉列表效果如图3-85所示。

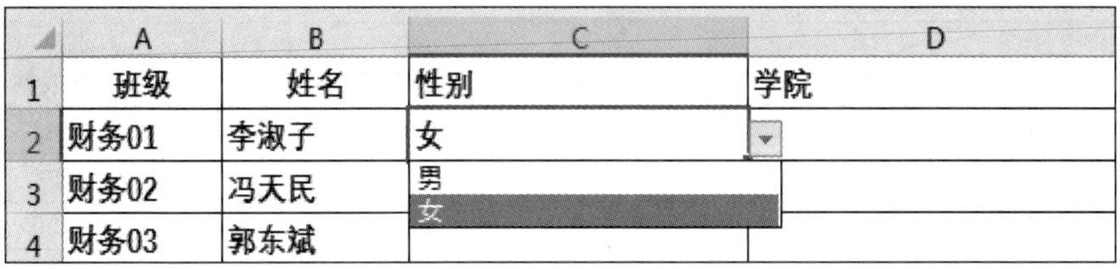

	A	B	C	D
1	班级	姓名	性别	学院
2	财务01	李淑子	女	
3	财务02	冯天民	男	
4	财务03	郭东斌	女	

图 3-85 "性别"列的下拉列表

在"学院"列的数据验证设置对话框中，将来源改为新工作表中的"学院"列，相关设置及结果如图3-86所示。

图 3-86 "学院"列数据验证设置及操作结果

3.6.2　数据排序

选择数据区域中的任意一个单元格，在"数据"选项卡的"排序和筛选"选项组中，单击"排序"按钮，打开"排序"对话框，指定主要关键字、次要关键字，对学生成绩数据按照班级升序、总成绩降序进行排序，如图 3-87 所示。

图 3-87　设置排序依据

排序结果如图 3-88 所示。

	A	B	C	D	E	F	G	H
1	班级	姓名	性别	出生日期	高等数学	英语	物理	总成绩
2	财务01	李淑子	女	1999/3/2	98	92	91	281
3	财务01	李媛媛	女	1999/5/31	96	87	78	261
4	财务01	陈涛	男	1997/12/3	88	93	78	259
5	财务01	侯明斌	男	1999/1/1	84	78	88	250
6	财务01	宋洪博	男	1997/4/5	73	68	87	228
7	财务01	刘丽	女	1997/10/18	61	68	87	216
8	财务02	冯天民	男	1997/8/28	70	77	89	236
9	财务02	胡涛	男	1998/3/25	97	70	67	234
10	财务02	徐春雨	女	1998/4/3	85	49	86	220
11	财务02	张喆	男	1998/2/8	71	71	67	209
12	财务02	李小明	女	1998/1/17	57	70	71	198
13	财务03	王毅刚	男	1997/4/6	96	82	86	264
14	财务03	马垚	男	1998/5/4	78	97	77	252
15	财务03	张荣伟	男	1998/1/18	57	98	89	244
16	财务03	郭东斌	男	1997/6/12	60	77	71	208

图 3-88　排序结果

3.6.3　数据筛选

要在上述工作表中筛选出 1998 年出生的学生，可选中工作表的 D 列，在"数据"选项卡的"排序和筛选"选项组中单击"筛选"按钮，单击 D 列的下拉箭头按钮，只勾选"1998"，如图 3-89 所示。

图 3-89　数据筛选

单击"确定"按钮，筛选结果如图 3-90 所示。

	A	B	C	D	E	F	G	H
1	班级	姓名	性别	出生日期	高等数	英i	物理	总成绩
9	财务02	胡涛	男	1998/3/25	97	70	67	234
10	财务02	李小明	女	1998/1/17	57	70	71	198
11	财务02	徐春雨	女	1998/4/3	85	49	86	220
12	财务02	张喆	男	1998/2/8	71	71	67	209
14	财务03	马垚	男	1998/5/4	78	97	77	252
16	财务03	张荣伟	男	1998/1/18	57	98	89	244

图 3-90　筛选结果

3.6.4　分类汇总

要对数据进行分类汇总，需要先按分类字段对数据进行排序。然后在"数据"选项卡的"分级显示"选项组中，单击"分类汇总"按钮，打开"分类汇总"对话框，在"分类汇总"对话框中完成相应的设置。若要进行多级分类汇总，重复操作，但一定注意不要勾选"替换当前分类汇总"复选框，如图 3-91 所示。

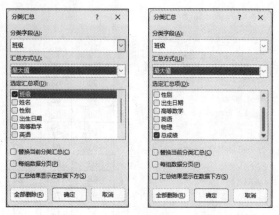

图 3-91 "分类汇总"对话框

按班级汇总最高分，上述操作完成后，单击"确定"按钮，得到汇总结果，如图 3-92 所示。

班级	姓名	性别	出生日期	高等数学	英语	物理	总成绩
财务01	宋洪博	男	1997/4/5	73	68	87	228
财务01	李淑子	女	1999/3/2	98	92	91	281
财务01	李媛媛	女	1999/5/31	96	87	78	261
财务01	刘丽	女	1997/10/18	61	68	87	216
财务01	陈涛	男	1997/12/3	88	93	78	259
财务01	侯明斌	男	1999/1/1	84	78	88	250
财务01 最大值							281
财务02	胡涛	男	1998/3/25	97	70	67	234
财务02	李小明	女	1998/1/17	57	70	71	198
财务02	徐春雨	女	1998/4/3	85	49	86	220
财务02	张喆	男	1998/2/8	71	71	67	209
财务02	冯天民	男	1997/8/28	70	77	89	236
财务02 最大值							236
财务03	王毅刚	男	1997/4/6	96	82	86	264
财务03	郭东斌	男	1997/6/12	60	77	71	208
财务03	马鑫	男	1998/5/4	78	97	77	252
财务03	张荣伟	男	1998/1/18	57	98	89	244
财务03 最大值							264
总计最大值							281

图 3-92 按班级汇总最高分

按性别汇总男生、女生总人数，得到的结果如图 3-93 所示。

班级	姓名	性别	出生日期	高等数学	英语	物理	总成绩
财务01	宋洪博	男	1997/4/5	73	68	87	228
财务01	陈涛	男	1997/12/3	88	93	78	259
财务01	侯明斌	男	1999/1/1	84	78	88	250
财务02	胡涛	男	1998/3/25	97	70	67	234
财务02	张喆	男	1998/2/8	71	71	67	209
财务02	冯天民	男	1997/8/28	70	77	89	236
财务03	王毅刚	男	1997/4/6	96	82	86	264
财务03	郭东斌	男	1997/6/12	60	77	71	208
财务03	马鑫	男	1998/5/4	78	97	77	252
财务03	张荣伟	男	1998/1/18	57	98	89	244
	男 计数	10					
财务01	李淑子	女	1999/3/2	98	92	91	281
财务01	李媛媛	女	1999/5/31	96	87	78	261
财务01	刘丽	女	1997/10/18	61	68	87	216
财务02	李小明	女	1998/1/17	57	70	71	198
财务02	徐春雨	女	1998/4/3	85	49	86	220
	女 计数	5					
	总计数	15					

图 3-93 按性别汇总男生、女生总人数

按评定等级汇总学生人数，得到的结果如图 3-94 所示。

图 3-94 按评定等级汇总学生人数

本章习题

一、单选题

1. Excel 的数据验证功能不能实现的是（ ）。

A．制作下拉列表   B．指定日期数据的取值范围

C．防止输入不符合条件的数据   D．保证录入数据的正确性

2. 关于对 Excel 工作表中选定数据区域中的数据进行排序，下列选项中不正确的是（ ）。

A．可以按关键字递增或递减排序

B．可以按自定义序列递增或递减排序

C．可以指定数据区域以外的字段作为排序关键字

D．可以指定数据区域中的任意多个字段作为排序关键字

3. 对于 Excel 工作表中的汉字数据，（ ）。

A．不可以排序   B．只按拼音字母排序

C．只按笔画顺序排序   D．既可按拼音字母排序，也可按笔画顺序排序

4. 在 Excel 中，关于"筛选"的错误叙述是（ ）。

A．自动筛选和高级筛选都可以将结果筛选至另外的区域中

B．执行高级筛选前必须在另外的区域中给出筛选条件

C．每一次自动筛选的条件只能有一个，高级筛选的条件可以有多个

D．如果筛选出现在多列中，并且条件间有"或"的关系，必须使用高级筛选

5. 在 Excel 中取消工作表的自动筛选后，（ ）。

A．工作表的数据消失   B．工作表恢复原样

C．不能取消自动筛选   D．只剩下符合筛选条件的记录

6. 在 Excel 的数据区域中，按某一字段内容进行归类，并对每一类做出统计的操作是（ ）。

A．排序   B．筛选   C．记录单处理   D．分类汇总

二、判断题

1. 在 Excel 中，进行分类汇总之前，必须对数据按分类字段进行排序。（ ）

2．在 Excel 中，可以通过筛选功能只显示包含指定内容的数据。（　　　）

3．在 Excel 中，可以按汉字笔画进行排序。（　　　）

4．在 Excel 中，只能按标题行中的关键字进行排序，不能按照标题列中的关键字进行排序。（　　　）

5．利用 Excel 中的数据验证功能可以限制单元格中输入数据的类型和范围。（　　　）

本章实训

学生管理中对学生学业进行预警一般通过统计学生未完成学分的情况来实现。具体内容见"第 3 章课后实训数据.xlsx"，现需要对表格进行数据管理，具体要求如下。

1．要求在输入的过程中"政治面貌"列只允许输入正式党员、预备党员、共青团员、群众、其他这 5 种，输入提示信息为"请输入政治面貌"，输入其他内容则报错，出错警告信息为"请输入正确的政治面貌"。

2．要求对所有未完成学分的学生进行排序，主要关键字为"专业名称"，次要关键字为"未完成学分"。

3．筛选出物流工程与管理专业未完成学分数为 4 的学生。

4．对整个数据表按专业进行分类汇总，要求展现每个专业未完成学分的总人数。

　　　在输入过程中限制数据录入需要通过设置数据验证来实现。对学生排序则需要进行自定义序列排序，同时将主要关键字设置为"专业名称"，次要关键字设置为"未完成学分"。筛选分为两步，首先对专业名称进行筛选，然后对未完成学分进行筛选。进行分类汇总则可以看出每个专业未完成学分的总人数。

第4章 数据处理与分析

在 Excel 中，函数是一些预先定义好的公式，是一种在需要时可以直接调用的表达式。根据函数功能的不同，可将函数划分为统计函数、逻辑函数、文本函数和查找函数等类型。各种函数的使用方法是基本一致的，熟练地掌握函数可以轻松完成数据处理和分析的工作。本章将向读者介绍函数在数据处理中的应用。

本章学习目标

1. 熟悉数据处理常用的函数。
2. 了解数据处理有关函数的使用方法。
3. 掌握数据分析的规划求解方法。
4. 能够运用本章所学的数据处理与分析的知识进行数据分析。

4.1 基于函数的数据处理

处理不同的数据时所需要的函数不尽相同，本节主要介绍基于统计函数、逻辑函数、文本函数、查找函数和函数嵌套的数据处理。

4.1.1 基于统计函数的数据处理

1. COUNT 函数

使用 COUNT 函数可以获取某单元格区域或数字数组中数字字段的输入项的个数。其语法结构为 COUNT(value1,[value2],…)，其中的 value1 为必需参数，value2 为可选参数。例如，在"员工奖金表"工作表中使用 COUNT 函数统计获得奖金的人数，具体操作方法如下。

① 单击 A20，并输入"有奖金的人数："文本。

② 选择 B20 单元格，输入公式"COUNT(C2:C17)"，按 Enter 键计算出获得奖金的人数，结果如图 4-1 所示。

2. COUNTA 函数

用 COUNTA 函数可以获取某单元格区域内非空单元格的个数。注意非空单元格还包括内容为返回值为空值的公式或错误值的单元格，其语法结构为 COUNTA(value1,[value2],…)，其中的 value1 为必需参数，value2 为可选参数。

73

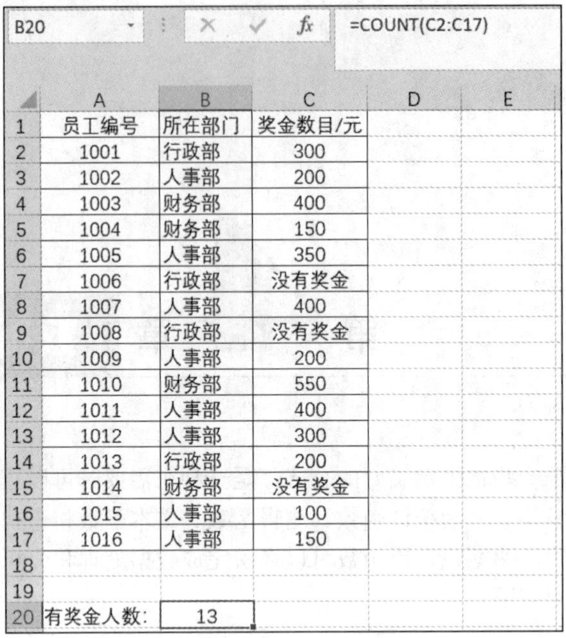
B20 =COUNT(C2:C17)

	A	B	C	D	E
1	员工编号	所在部门	奖金数目/元		
2	1001	行政部	300		
3	1002	人事部	200		
4	1003	财务部	400		
5	1004	财务部	150		
6	1005	人事部	350		
7	1006	行政部	没有奖金		
8	1007	人事部	400		
9	1008	行政部	没有奖金		
10	1009	人事部	200		
11	1010	财务部	550		
12	1011	人事部	400		
13	1012	人事部	300		
14	1013	行政部	200		
15	1014	财务部	没有奖金		
16	1015	人事部	100		
17	1016	人事部	150		
18					
19					
20	有奖金人数:	13			

图 4-1　COUNT 函数的使用实例

图 4-2 所示的单元格区域内有一些内容，统计单元格区域内非空单元格的个数。

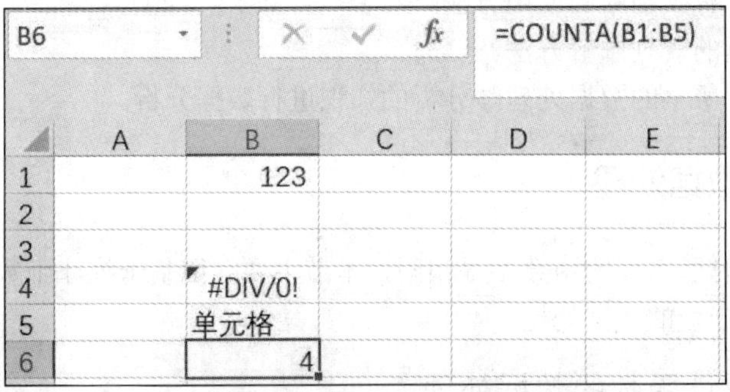
B6 =COUNTA(B1:B5)

	A	B	C	D	E
1		123			
2					
3					
4		#DIV/0!			
5		单元格			
6		4			

图 4-2　COUNTA 函数的使用实例

B1 单元格内为普通数字；B2 单元格为空单元格；B3 单元格内为公式，但是返回的结果为空；B4 和 B5 两个单元格中则分别是错误值和文本。使用 COUNTA 函数来统计一下非空单元格个数，公式为=COUNTA(B1:B5)。

结果是 4 个，除了空单元格外，所有有内容的单元格都被统计进去了。另外，公式里面也可以带多个参数，最多 255 个。例如，统计两个不连续区域里面的非空单元格个数，公式为=COUNTA(B1:B5,F1:F4)，返回的结果是总的非空单元格个数。

3．COUNTBLANK 函数

COUNTBLANK 函数用来计算指定单元格区域中空单元格的个数。其语法结构为 COUNTBLANK(range)，使用 COUNTBLANK 函数可以快速找到总的空缺数量。

需要计算图 4-3 所示的成绩表中缺考的人次，可以搜索在 E2:G7 单元格区域里一共有多少个空单元格，使用 COUNTBLANK 函数后可以发现一共有 2 个空单元格。插入公式=COUNTBLANK(E2:G7)，计算出实际空白单元格数为 2，即缺考的人次为 2。

COUNTBL...　=COUNTBLANK(E2:G7)

	A	B	C	D	E	F	G
1	班级	姓名	性别	出生日期	数据结构	操作系统	大学英语
2	信管02	蓝天	男	3/7/2003	87	94	86
3	信管03	李梅	女	5/6/2003	76	90	80
4	信管01	林家仪	女	5/4/2003		65	87
5	信管02	刘丽丽	女	18/10/2003	67	78	90
6	信管01	熊建国	男	12/9/2002	67	70	
7	信管01	章乐	男	23/12/2002	89	93	93
8							
9	缺考人次	=COUNTBLANK(E2:G7)					

图 4-3　COUNTBLANK 函数的使用实例

4．COUNTIF 函数

COUNTIF 函数用于对单元格区域中满足单个指定条件的单元格进行计数，其语法结构为 COUNTIF(range，criteria)，其中的 criteria 参数表示统计的条件，可以是数字、表达式、单元格引用或文本字符串。

【例题 4-1】某公司决定在妇女节当天为公司女员工派发一些小礼物，要求财务根据员工档案表统计该公司的女员工人数。操作步骤如下。

① 在 A19 单元格中输入“女员工人数：”文本。

② 在 B19 单元格中输入公式“=COUNTIF(D2:D17,“女”)”，按 Enter 键，Excel 会自动统计 D2:D17 单元格区域中所有符合条件的数据个数，并将最后结果显示出来，如图 4-4 所示。

B19　=COUNTIF(D2:D17,"女")

	A	B	C	D	E	F
1	员工编号	姓名	所在部门	性别		
2	1001	丁欣	行政部	女		
3	1002	赵仲唔	人事部	男		
4	1003	李世明	财务部	男		
5	1004	王时期	财务部	男		
6	1005	赵磊	人事部	男		
7	1006	李承妍	行政部	女		
8	1007	陈思涵	人事部	女		
9	1008	陈婷	行政部	女		
10	1009	张涵	人事部	女		
11	1010	王武	财务部	男		
12	1011	丁正	人事部	男		
13	1012	薛轩	人事部	女		
14	1013	杨璐	行政部	女		
15	1014	赵思敏	财务部	女		
16	1015	陈晨曦	人事部	女		
17	1016	姜敏赫	人事部	男		
18						
19	女员工人数:	9				

图 4-4　COUNTIF 函数的使用实例

5．RANK 函数

在对 Excel 的实际应用中，用户往往需要对现有的数据进行比较，生成新的排名数据。RANK 函数可以通过对某区域的数据内容进行比较，生成新的排名。RANK 函数的语法结构为 RANK(number,ref,[order])，其中各个参数的含义如下。

number：需要进行排名的数值/引用单元格中的值。ref：需要排名的数据区域。order：排序的方式，如果为 0 则为降序排名，如果为 1 则为升序排名。

对学生的期末考试成绩进行降序排名，可运用 RANK 函数、绝对引用，实现成绩的排序，如图 4-5 所示。

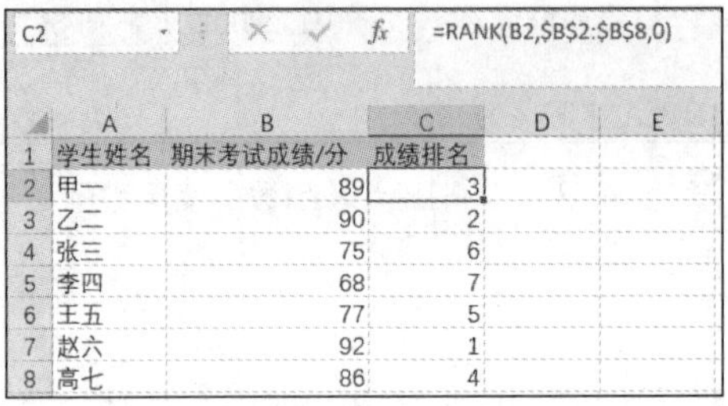

图 4-5　RANK 函数的使用实例

4.1.2　基于逻辑函数的数据处理

1．IF 函数

IF 函数是一种常见的条件函数，它能对数值和公式进行真假值判断，并根据逻辑计算的真假值返回不同的结果。其语法结构为 IF(logical_test,[value_if_true],[value_if_false])，其中 logical_test 是必需参数，表示计算结果为 TRUE 或 FALSE 的任意值或表达式，value_if_true 和 value_if_false 为可选参数。value_if_true 表示 logical_test 为 TRUE 时要返回的值，可以是任意数据；value_if_false 表示 logical_test 为 FALSE 时要返回的值，也可以是任意数据。

例如在"员工出勤统计表"工作表中根据各员工的出勤情况，使用 IF 函数计算应扣工资，其中病假扣除 20 元，其他原因的请假扣除 40 元，具体操作步骤如下。

① 选中 E3 单元格，输入公式"=IF(D3="病假",20,40)"，按 Enter 键计算出该员工需要扣除的工资，如图 4-6 所示。

图 4-6　IF 函数的使用实例（1）

② 拖动控制柄复制公式到 E4:E13 单元格区域，计算出其他员工需要扣除的工资，结果如图 4-7 所示。

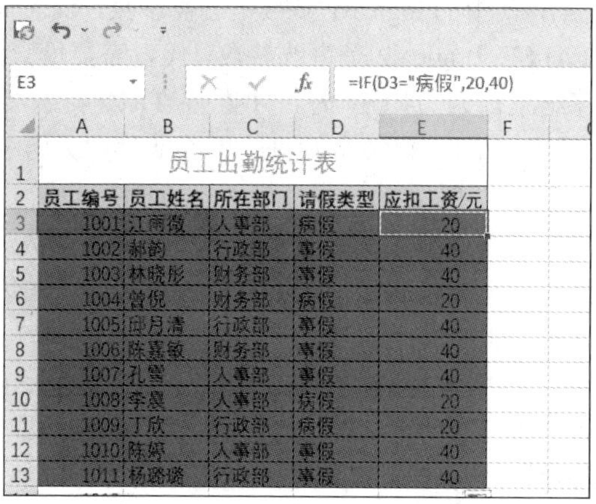

E3 =IF(D3="病假",20,40)

	A	B	C	D	E
1	员工出勤统计表				
2	员工编号	员工姓名	所在部门	请假类型	应扣工资/元
3	1001	江雨薇	人事部	病假	20
4	1002	郝韵	行政部	事假	40
5	1003	林晓彤	财务部	事假	40
6	1004	曾倪	财务部	病假	20
7	1005	邱月清	行政部	事假	40
8	1006	陈嘉敏	财务部	事假	40
9	1007	孔雪	人事部	事假	40
10	1008	李爱	人事部	病假	20
11	1009	丁欣	行政部	病假	20
12	1010	陈婷	人事部	事假	40
13	1011	杨璐璐	行政部	事假	40

图 4-7　IF 函数的使用实例（2）

【例题 4-2】请根据学生成绩表判断学生成绩等级，并转换成相应的绩点成绩。

① 计算成绩等级

操作：在 G2 单元格中插入公式“=IF(E2>=90,"A",IF(E2>=80,"B",IF(E2>=70,"C",IF(E2>=60,"D","E"))))”，即可计算出相应的成绩等级，再用填充方式填充公式计算出的所有成绩等级，结果如图 4-8 所示。

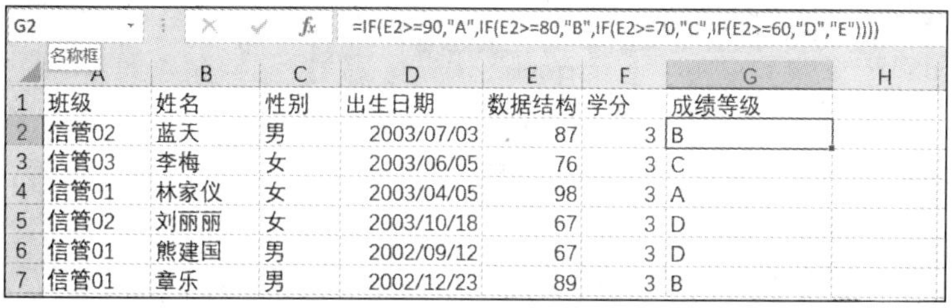

G2 =IF(E2>=90,"A",IF(E2>=80,"B",IF(E2>=70,"C",IF(E2>=60,"D","E"))))

	A	B	C	D	E	F	G	H
1	班级	姓名	性别	出生日期	数据结构	学分	成绩等级	
2	信管02	蓝天	男	2003/07/03	87	3	B	
3	信管03	李梅	女	2003/06/05	76	3	C	
4	信管01	林家仪	女	2003/04/05	98	3	A	
5	信管02	刘丽丽	女	2003/10/18	67	3	D	
6	信管01	熊建国	男	2002/09/12	67	3	D	
7	信管01	章乐	男	2002/12/23	89	3	B	

图 4-8　IF 函数多层嵌套判断成绩等级

② 计算绩点成绩

在 H2 单元格中插入公式“=IF(E2>=90,4,IF(E2>=80,3,IF(E2>=70,2,IF(E2>=60,1,0))))”，即可得出绩点成绩，再用填充方式填充公式计算出的所有绩点成绩，结果如图 4-9 所示。

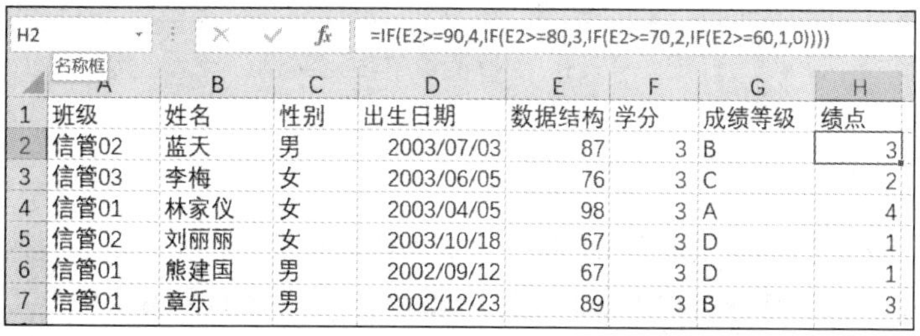

H2 =IF(E2>=90,4,IF(E2>=80,3,IF(E2>=70,2,IF(E2>=60,1,0))))

	A	B	C	D	E	F	G	H
1	班级	姓名	性别	出生日期	数据结构	学分	成绩等级	绩点
2	信管02	蓝天	男	2003/07/03	87	3	B	3
3	信管03	李梅	女	2003/06/05	76	3	C	2
4	信管01	林家仪	女	2003/04/05	98	3	A	4
5	信管02	刘丽丽	女	2003/10/18	67	3	D	1
6	信管01	熊建国	男	2002/09/12	67	3	D	1
7	信管01	章乐	男	2002/12/23	89	3	B	3

图 4-9　IF 函数多层嵌套计算绩点成绩

2．AND 函数

AND 函数用于对多个判断结果取交集，即返回同时满足多个条件的那部分内容。其语法结构为 AND(logical1,[logical2],…)，其中的 logical1 参数是必需参数，代表需要检验的第一个条件，其计算结果可以为 TRUE 或 FALSE。logical2 是可选参数，代表需要检验的其他条件。在 AND 函数中，只有当所有参数的计算结果都为 TRUE 时，才返回 TRUE，只要有一个参数的计算结果为 FALSE，即返回 FALSE。因此，AND 函数最常见的用途就是扩大用于执行逻辑检验的其他函数的效用。

【例题 4-3】某集团决定为销售业绩优秀的集团老员工颁发优秀员工奖。要求员工在集团工作的时间在 6 年以上（包括 6 年），全年销售额达到 800000000 元。已知集团所有员工的名单及相关资料，现在需要统计奖励对象的名单。

采用 AND 函数和 IF 函数解决，首先判断员工的工作时间是否大于或等于 6 年，如果是小于 6 年，则返回 FALSE。然后判断员工的全年销售额是否达到 800000000 元，如果没有达到则返回 FALSE，再进一步在 IF 函数中进行判断。当满足上述两个条件时，返回“颁发”，否则返回空文本，具体操作方法如下。

① 在 E2 单元格内输入“颁发奖励”文本，在 E3 单元格内输入公式“=IF(AND(C3>=6,D3>=800000000),“颁发”，“”)”，按 Enter 键判断第一个员工是否符合颁发奖励的条件。

② 使用 Excel 的智能填充功能计算出其他员工是否符合颁发奖励的条件，如图 4-10 所示。

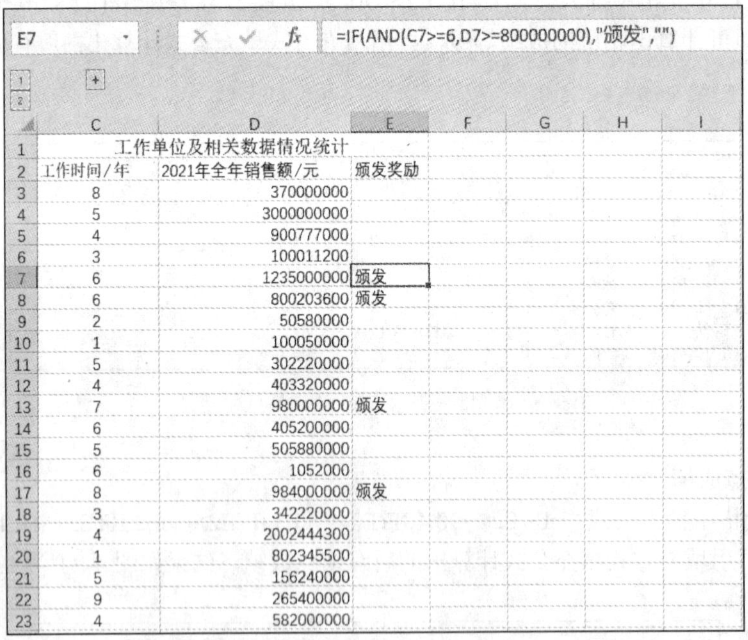
E7　=IF(AND(C7>=6,D7>=800000000),"颁发","")

	C	D	E
1	工作单位及相关数据情况统计		
2	工作时间/年	2021年全年销售额/元	颁发奖励
3	8	370000000	
4	5	3000000000	
5	4	900777000	
6	3	100011200	
7	6	1235000000	颁发
8	6	800203600	颁发
9	2	50580000	
10	1	100050000	
11	5	302220000	
12	4	403320000	
13	7	980000000	颁发
14	6	405200000	
15	5	505880000	
16	6	1052000	
17	8	984000000	颁发
18	3	342220000	
19	4	2002444300	
20	1	802345500	
21	5	156240000	
22	9	265400000	
23	4	582000000	

图 4-10　AND 函数的使用实例

3．OR 函数

OR 函数用于对多个判断结果取并集，即只要参数中有任何一个值为真就返回 TRUE，只有都为假才返回 FALSE。其语法结构为 OR(logical1,[logical2],…)，与 AND 函数类似，其中的参数 logical1、logical2 等为进行判断的多个条件，只有 logical1 为必需参数，后续参数为可选参数。

【例题 4-4】某企业要进行员工职业技能培训后的结业考试，每个职员有
3 次考试机会，并要根据 3 个考试成绩的最高分进行分级。只要有一次的考
试及格就记录为"及格"，同样，只要有一次成绩达到优秀就记录为"优秀"，
否则就记录为"不及格"。本次考试的成绩记录在记录表"员工职业技能培
训成绩登录"中，其中优秀的标准为 85 分以上（含 85 分），及格的标准为
60 分以上（含 60 分）。

4-1　IF 函数和 OR
函数组合应用

思路：本例题可结合 OR 函数和 IF 函数来解决，先判断员工 3 个成绩中
是否有一个达到优秀的标准，如果有，则返回"优秀"；如果没有任何一个达到优秀的标准，
就继续判断 3 个成绩中是否有一个达到及格的标准，如果有，则返回"及格"，否则返回"不
及格"，具体操作方法如下。

① 选择单元格 E3，输入公式"=IF(OR(B3>=85,C3>=85,D3>=85),"优秀",IF(OR(B3>=60,C3>=60,
D3>=60),"及格","不及格"))"，按 Enter 键判断第一个员工的成绩级别，如图 4-11 所示。

员工编号	第一次考试成绩/分	第二次考试成绩/分	第三次考试成绩/分	最终成绩
1001	70	76	80	及格
1002	60	77	90	
1003	59	60	75	
1004	65	64	59	
1005	40	50	56	
1006	50	60	90	
1007	70	81	85	
1008	67	76	90	
1009	43	41	50	
1010	59	57	52	
1011	58	54	53	
1012	80	90	95	

图 4-11　IF 函数和 OR 函数组合计算第一个员工的成绩级别

② 使用 Excel 的智能填充功能计算出其他员工的成绩级别，如图 4-12 所示。

员工编号	第一次考试成绩/分	第二次考试成绩/分	第三次考试成绩/分	最终成绩
1001	70	76	80	及格
1002	60	77	90	优秀
1003	59	60	75	及格
1004	65	64	59	及格
1005	40	50	56	不及格
1006	50	60	90	优秀
1007	70	81	85	优秀
1008	67	76	90	优秀
1009	43	41	50	不及格
1010	59	57	52	不及格
1011	58	54	53	不及格
1012	80	90	95	优秀

图 4-12　IF 函数和 OR 函数组合计算其他员工的成绩级别

4. NOT 函数

NOT 函数用于对参数值求反，即如果参数值为 TRUE，利用该函数则可以返回 FALSE。其语

法结构为 NOT(logical)，其中 logical 为必需参数。NOT 函数常用于确保某一个值不等于另一个特定值。例如，根据前面的例题判断员工的成绩级别，首先利用 MAX 函数（寻找最大值的函数）取得最高成绩，再将最高成绩与优秀标准和及格标准进行比较判断，具体操作方法如下。

① 选择 E3 单元格，输入公式 "=IF(NOT(MAX(B3:D3)<85),"优秀",IF(NOT(MAX(B3:D3)<60),"及格","不及格"))"，按 Enter 键判断第一个员工的成绩级别，如图 4-13 所示。

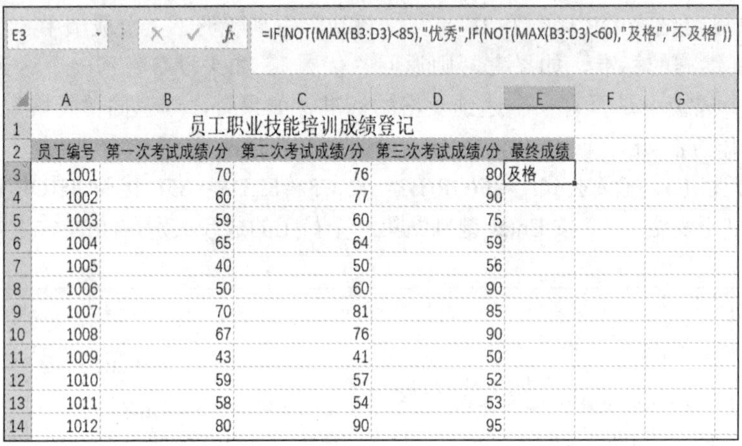

图 4-13　用 NOT 函数计算第一个员工的成绩级别

② 使用 Excel 的智能填充功能计算出其他员工的成绩级别，如图 4-14 所示。

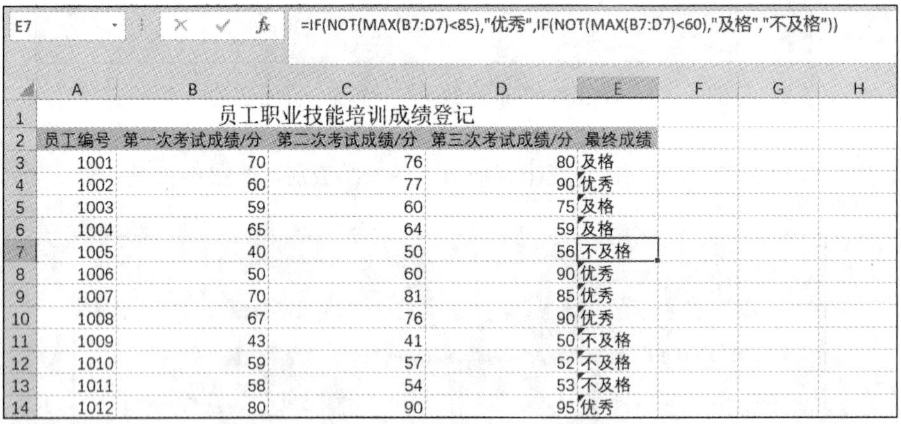

图 4-14　用 NOT 函数计算其他员工的成绩级别

4.1.3　基于文本函数的数据处理

1. LEFT 函数

作用：用于从一个文本字符串中从左向右提取指定个数的字符。

语法结构：LEFT(text, num_chars)。

参数说明：text 代表文本字符串；num_chars 指从左开始往右数要截取几个字符，如截取 2 个字符、3 个字符等。

例如，将表格中学生的身份证号码中的省份信息提取出来。

操作：在 B2 单元格中输入公式"=LEFT(A2,2)"，按 Enter 键，即可提取出最左边的两位数字，这两个数字是 36，代表"江西省"，如图 4-15 所示。

	A	B
1	身份证号码	所在省份代码
2	36250220**********	=LEFT(A2,2)

图 4-15　LEFT 函数的使用实例

2. RIGHT 函数

作用：从文本字符串右端开始，从右往左截取指定个数的字符。

语法结构：RIGHT(text,num_chars)。

参数说明：text 代表文本字符串；num_chars 指从右开始往左数要截取几个字符，如截取 2 个字符、3 个字符等。

例如，现有客户信息，需要从中提取出邮编信息。

操作：在相应的单元格（B2）中输入公式"=RIGHT(A2,6)"，按 Enter 键，即可获得该客户信息中的邮编信息，如图 4-16 所示。

	A	B	C
	客户信息	邮编（公式）	邮编（结果）
1			
2	孙林, 伸格公司, 北京市东园西甲 30 号, 邮编:110822	=RIGHT(A2,6)	110822
3	刘英梅, 春永建设, 天津市德明南路 62 号, 邮编:110545	=RIGHT(A3,6)	110545
4	王伟, 上河工业, 天津市承德西路 80 号, 邮编:110805	=RIGHT(A4,6)	110805
5	张颖, 三川实业有限公司, 天津市大崇明路 50 号, 邮编:110952	=RIGHT(A5,6)	110952
6	赵光, 兴中保险, 常州市冀光新街 468 号, 邮编:110735	=RIGHT(A6,6)	110735
7	张海波, 世邦, 常州市广发北路 10 号, 邮编:110825	=RIGHT(A7,6)	110825
8	孔南, 顶上系统, 南昌市揽翠碑路 37 号, 邮编:110489	=RIGHT(A8,6)	110489
9	金士鹏, 中通, 南京市技术东街 173 号, 邮编:110532	=RIGHT(A9,6)	110532
10	王同宝, 艾德高科技, 南京市技术东街 38 号, 邮编:110523	=RIGHT(A10,6)	110523
11	郑春, 光明杂志, 南京市金陵大街 54 号, 邮编:110289	=RIGHT(A11,6)	110289
12	钱及生, 万海, 南京市尊石路 238 号, 邮编:110848	=RIGHT(A12,6)	110848
13	李芳, 仲堂企业, 南京市达明街 23 号, 邮编:110699	=RIGHT(A13,6)	110699
14	郑建杰, 三捷实业, 上海市青年西路甲 245 号, 邮编:110259	=RIGHT(A14,6)	110259
15	赵军, 保信人寿, 深圳市津塘大路 390 号, 邮编:110954	=RIGHT(A15,6)	110954
16	张雪眉, 师大贸易, 成都市阁新街 89 号, 邮编:110736	=RIGHT(A16,6)	110736
17	何志, 通恒机械, 昆明市临翠大街 83 号, 邮编:110524	=RIGHT(A17,6)	110524
18	马腾丽, 凯旋科技, 昆明市广发路 3 号, 邮编:110640	=RIGHT(A18,6)	110640
19	胡海洋, 坦森行贸易, 重庆市方园东 37 号, 邮编:110507	=RIGHT(A19,6)	110507
20	池成, 利合材料, 重庆市九江西街 370 号, 邮编:110958	=RIGHT(A20,6)	110958

图 4-16　RIGHT 函数的使用实例

3. MID 函数

MID 函数的作用：从文本字符串中指定的起始位置起，返回指定长度的字符。其语法结构为 MID(text, start_number, number_chars)，其中 text 为包含要提取字符的文本字符串，start_number 用于指定文本字符串中要提取的第一个字符的位置，number_chars 用于指定从文本字符串中返回的字符的个数。

例如，从身份证号码中提取出出生日期。

步骤：在 C2 单元格中输入公式"=MID(A2,7,4)"，在 D2 单元格中输入公式"=MID(A2,11,2)"，在 E2 单元格中输入公式"=MID(A2,13,2)"，如图 4-17 所示，按 Enter 键，即可得到出生年份、出生月份和出生日。

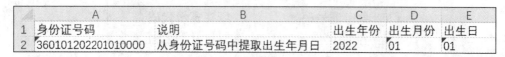

	A	B	C	D	E
1	身份证号码	说明	出生年份	出生月份	出生日
2	360101202201010000	从身份证号码中提取出生年月日	2022	01	01

图 4-17　MID 函数的使用实例

4.1.4　基于查找函数的数据处理

1. LOOKUP 函数

在 Excel 表格的单行区域或单列区域中，如果要从向量中寻找一个值，可以使用 LOOKUP 函数。该函数的语法结构为：LOOKUP(lookup_value,lookup_vector,result_vector)。

各个参数的含义介绍如下。

lookup_value：函数在第一个向量中搜索的值。

lookup_vector：指定查找范围，只包含一行或一列区域。

result_vector：指定函数返回值的单元格区域，只包含一行或一列区域。

例如，使用 LOOKUP 函数根据员工姓名查找银行卡号。

分析：例如，要在表格中查找李四的银行卡号，李四则为需要搜索的第一个向量，并且需要在 B 列中查找此向量，所以 lookup_vector 的值为 B2:B8，通过相应的行标确定向量的位置，返回相应的单元格内容，故在单元格 B11 中输入相应的公式"=LOOKUP(A11,B2:B8,E2:E8)"，即可查找到李四的银行卡号，如图 4-18 所示。

B11		× ✓ fx	=LOOKUP(A11,B2:B8,E2:E8)		
	A	B	C	D	E
1	学生编号	学生姓名	基本工资/元	实发工资/元	银行卡号
2	1001	甲一	2550	6600	********1234567801
3	1002	乙二	2450	8000	********1234567802
4	1003	张三	2550	7450	********1234567803
5	1004	李四	2250	6520	********1234567804
6	1005	王五	2400	5500	********1234567805
7	1006	赵六	2800	8800	********1234567806
8	1007	高七	2300	4400	********1234567807
9					
10	姓名	银行卡号			
11	李四	********1234567804			

图 4-18　LOOKUP 函数的使用实例

2. VLOOKUP 函数

VLOOKUP 函数用于查找需要的值与其首列中的值的对应关系，其语法结构为

VLOOKUP(lookup_value,table_array,col_index_num,range_lookup)，其中各参数的含义如下。

lookup_value：用数值或数值所在的单元格指定在数组第一列中查找的数值。如果为 lookup_value 参数提供的值小于 table_array 参数第一列中的最小值，将返回错误值#N/A。

table_array：指定查找范围。

col_index_num：为 table_array 中待返回的匹配值的列号。当 col_index_num 参数为 1 时，返回 table_array 第一列中的值；col_index_num 参数为 2 时，返回 table_array 第二列中的值，依此类推。

range_lookup：一个逻辑值，指定希望 VLOOKUP 查找精确匹配值或近似匹配值。如果 range_lookup 为 TRUE 或被省略，则返回精确匹配值或近似匹配值。如果找不到精确匹配值，则返回小于 lookup_value 的最大值。

例如，查找每个学生的综合实践成绩对应的等级，在 C2 单元格中输入"=VLOOKUP(B2,E:F,2,1)"，得到第一个学生的成绩等级，拖曳填充柄可获得所有同学的成绩等级，如图 4-19 所示。

	A	B	C	D	E	F
			=VLOOKUP(B2,E:F,2,1)			
1	学生姓名	综合实践成绩/分	等级		分数/分	等级
2	甲一	89	B		0	D
3	已二	90	A		60	C
4	张三	75	C		80	B
5	李四	68	C		90	A
6	王五	77	C			
7	赵六	92	A			
8	高七	86	B			

图 4-19　VLOOKUP 函数的使用实例

3. HLOOKUP 函数

HLOOKUP 函数可以用于比较值位于数据表的首行，并且要查找下面给定行中的数据的情况。函数的语法结构为 HLOOKUP(lookup_value,table_array, row_index_num,range_lookup)。

其中各参数的含义介绍如下。

lookup_value：用数值或数值所在的单元格指定在数组第一行中查找的数值。

table_array：指定查找范围，即需要在其中查找数据的信息表。如果 range_lookup 为 TRUE，则 table_array 的第一行的数值必须按升序排列；否则，HLOOKUP 函数将不能给出正确的数值。如果 range_lookup 为 FALSE，则 table_array 不必进行排序。

row_index_num：为 table_array 中待返回的匹配值的行号。row_index_num 为 1 时，返回 table_array 第一行的数值；row_index_num 为 2 时，返回 table_array 第二行的数值，以此类推。如果 row_index_num 小于 1，则返回错误值#VALUE!；如果 row_index_num 大于 table_array 的行数，则返回错误值#REF。

range_lookup：用 TRUE 或 FALSE 指定查找方法。

例如，在成绩表中查找名为"李四"的学生的英语成绩，在 D9 单元格中输入 "=HLOOKUP("英语",A1:E8,5)"，得到"李四"同学的英语成绩，如图 4-20 所示。

图 4-20　HLOOKUP 函数的使用实例

4.1.5　基于函数嵌套的数据处理

单一的函数可以称为公式，但更多的情况下，公式是由运算符、常量、单元格引用以及函数共同组成的。当以函数作为参数的时候，称为函数的嵌套。公式中最多可以包含 64 级嵌套函数。通过基础函数的相互嵌套，可以实现相对复杂的功能。

1．在公式中套用函数

例如，在学生成绩表中，求每个学生的数据结构成绩与该课程的平均成绩之差。

操作：单击 G2 单元格，输入公式"=D2-AVERAGE($D$2:$D$11)"，确认后将公式填充到 G3:G11 单元格区域即可，结果如图 4-21 所示。

图 4-21　在公式中套用函数的实例

2．在函数中套用函数

当以一个函数作为另一个函数的参数时，称为函数的嵌套。当把函数 B 用作函数 A 的参数时，函数 B 称为二级函数。如果函数 B 中还有函数 C 作为参数，则函数 C 称为三级函数。

例如，在学生成绩表中，当学生 3 门课的平均成绩低于 60 分时记为"不通过"，大于等于 60 分时则返回 3 门课的总成绩。

操作：单击 G2 单元格，输入公式"=IF(AVERAGE(D2:F2)>=60,SUM(D2:F2),"不通过")"，然后将公式填充到 G3:G11 单元格区域，结果如图 4-22 所示。公式的含义：用 AVERAGE 函数计算出 D2:F2 单元格区域的平均值，并将它与 60 比较，当返回值为 TRUE 时，即用 SUM 函数求 D2:F2 单元格区域数据的和，否则返回"不通过"。

	A	B	C	D	E	F	G
							=IF(AVERAGE(D2:F2)>=60,SUM(D2:F2),"不通过")
1	班级	姓名	性别	数据结构	操作系统	大学英语	判断结果
2	信管01	赵凯	男	76	91	97	264
3	信管01	章乐	男	76	93	93	262
4	信管01	林家仪	女	90	65	87	242
5	信管01	熊建国	男	90	70	78	238
6	信管02	张笑笑	女	89	88	83	260
7	信管02	蓝天	男	67	94	86	247
8	信管02	刘丽丽	女	46	58	65	不通过
9	信管03	徐天天	男	87	93	80	260
10	信管03	李梅	女	67	90	80	237
11	信管03	李明	男	82	87	59	228

图 4-22　函数的二级嵌套

公式中使用了嵌套的 AVERAGE 函数和 SUM 函数。在此示例中，AVERAGE 函数和 SUM 函数为二级函数。

又如，在学生成绩表中，根据学生的平均成绩计算出每个学生的成绩等级，并填写在"总评"列中。成绩等级的评判标准是：90 分以上（含 90 分）为"优秀"，80~90 分（含 80 分，不含 90 分）为"良好"，60~80 分（含 60 分，不含 80 分）为"通过"，60 分以下（不含 60 分）为"不通过"。

具体操作如下。

单击 H2 单元格，输入公式"=IF(G2>=90,"优秀",IF(G2>=80,"良好",IF(G2>=60,"通过","不通过")))"，再将该公式填充到 H3:H11 单元格区域即可，结果如图 4-23 所示。

	A	B	C	D	E	F	G	H	I
							=IF(G2>=90,"优秀",IF(G2>=80,"良好",IF(G2>=60,"通过","不通过")))		
1	班级	姓名	性别	数据结构	操作系统	大学英语	平均成绩	总评	
2	信管01	赵凯	男	76	91	97	88	良好	
3	信管01	章乐	男	76	93	93	87.33333	良好	
4	信管01	林家仪	女	90	65	87	80.66667	良好	
5	信管01	熊建国	男	90	70	78	79.33333	通过	
6	信管02	张笑笑	女	89	88	83	86.66667	良好	
7	信管02	蓝天	男	67	94	86	82.33333	良好	
8	信管02	刘丽丽	女	46	58	65	56.33333	不通过	
9	信管03	徐天天	男	87	93	80	86.66667	良好	
10	信管03	李梅	女	67	90	80	79	通过	
11	信管03	李明	男	82	87	59	76	通过	

图 4-23　函数的三级嵌套

公式中使用了三级 IF 函数的嵌套。最外层 IF 函数的含义是，如果判断 G2 大于等于 90，则返回"优秀"，小于 90 时，还不能确定等级，需要进一步判断；最外层 IF 函数的第二个表达式又是一个 IF 函数，即二级函数，在这个嵌套的 IF 函数中，如果表达式"G2>=80"成立，说明此时成绩大于等于 80 且小于 90，该 IF 函数的返回值是"良好"，否则还需要进一步判断；最外层 IF 函数的第三个表达式也是一个嵌套的 IF 函数，这个 IF 函数就是第三级 IF 函数；同理，如果第三级 IF 函数的表达式"G2>=60"成立，说明成绩大于等于 60 且小于 80，该 IF 函数的返回值是"通过"，否则不需要再进一步判断，返回值为"不通过"。

4.2 基于规划求解的数据分析

除了各种计算函数之外，Excel 还提供了许多数据分析工具，其中单变量求解、模拟运算表、方案管理器和规划求解等是最为常用的几个工具。相对来说，使用这些工具来分析、处理数据更为方便、快捷和高效。本节将分别通过不同的实例介绍 Excel 的单变量求解、模拟运算表、方案管理器和规划求解等数据分析工具的功能和使用方法。

4.2.1 单变量求解

单变量求解是对公式的逆运算，主要解决假定一个公式要取得某一结果，公式中的某个变量的取值应为多少的问题。下面通过几个例子来理解单变量求解。

【例题 4-5】简单函数 $y=2x+10$ 的单变量求解。

分析：在 B2 单元格中输入变量 x 的值，在 B3 单元格中输入截距，设置 y 的值，如何求出 x 的值呢？这是典型的逆运算问题。

假设 y 的目标值为 200，通过单变量求解出 x 值的具体操作过程如下。

① 在 B2 单元格中输入任意一个 x 值（如例题中给出的 3），在 B3 单元格中输入截距（本例题中是 10），在 B4 单元格中输入公式"=2*B2+B3"。

② 单击"数据"选项卡的"预测"选项组中的"模拟分析"按钮，选择"单变量求解"命令，弹出"单变量求解"对话框。

③ 在"单变量求解"对话框中将"目标单元格"设置为"$B$4"，"目标值"设置为"200"，"可变单元格"设置为"$B$2"，如图 4-24 所示。

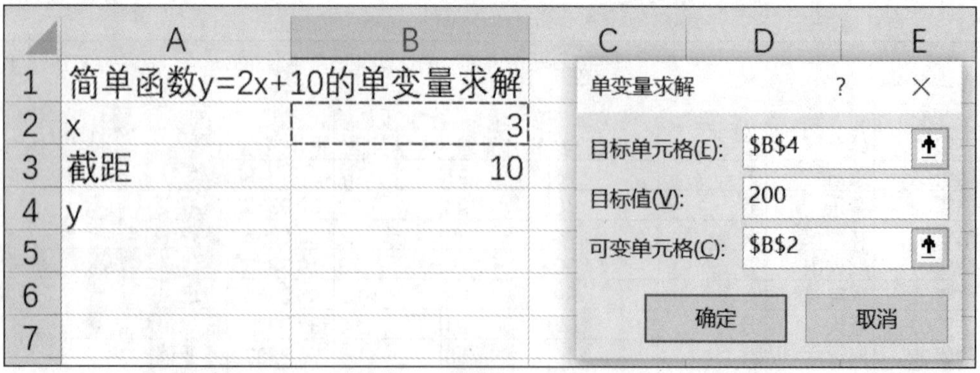

图 4-24 "单变量求解"对话框

经过多次迭代计算，得出的结果如图 4-25 所示。

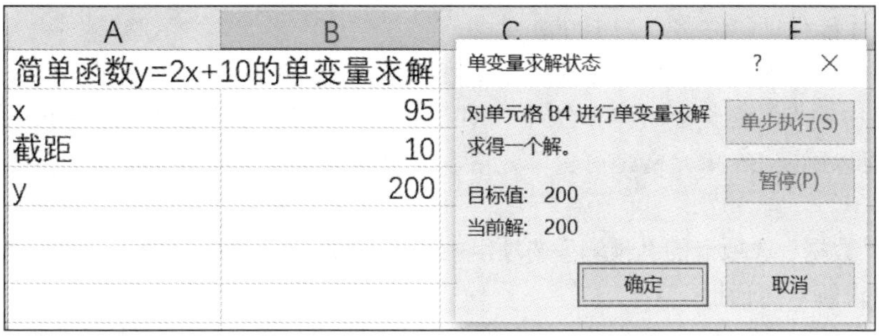

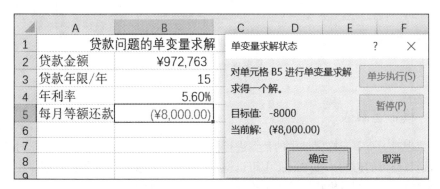

图 4-25　单变量求解结果

默认情况下，"单变量求解"命令最多进行 100 次迭代运算，最大误差值为 0.001。如果不需要这么高的精度，可以单击"文件"选项卡中的"选项"按钮，打开"Excel 选项"对话框，在对话框左侧选择"公式"选项，然后在右侧的"计算选项"选项组中进行设置。

【例题 16】贷款问题的单变量求解。某人头房计划贷款 120 万元，年限为 15 年，采取每月等额偿还本息的方法归还贷款本金并支付利息，按目前银行初步提出的年利率 5.6% 的方案，利用财务函数 PMT 可以计算出每月需支付 9868.8 元。但目前每月可用于还贷的资金只有 8000 元。因此，要确定在年利率和贷款年限不变的条件下，可以申请贷款的最大额度。

分析：在 B2 单元格中输入贷款金额，在 B3 单元格中输入贷款年限，在 B4 单元格中输入年利率，在 B5 单元格中输入每月等额还款额的计算公式"=PMT(B4/12,B3*12,B2)"。当前 B2 单元格的值为 ¥1,200,000，B3 单元格的值为 15（年），B4 单元格的值为 5.60%，则 B5 单元格会自动计算出结果(¥9,868.80)（PMT 函数的计算结果为每月还款额，是支出项，为负值，在 Excel 中用红色显示，实际值为 ¥-9,868.80）。可以确定 B2 单元格是可变单元格，B5 单元格是目标单元格，目标值是 -8000，单变量求解过程如下。

① 单击"数据"选项卡的"预测"选项组中的"模拟分析"按钮，选择"单变量求解"命令，弹出"单变量求解"对话框。

② 在"单变量求解"对话框中将"目标单元格"设置为"$B$5"，"目标值"设置为"-8000"，"可变单元格"设置为"$B$2"。

③ 单击"确定"按钮，执行单变量求解。Excel 会自动进行迭代运算。单击"确定"按钮，完成计算，从结果中可以看出，每月还款 ¥8,000.00，最多能贷款 ¥972,763，如图 4-26 所示。

图 4-26　单变量求解每月等额还款额

【例题 4-7】年终奖金目标的单变量求解。某公司员工的年终奖金的计算方法为全年销售额的7%，李晓前 3 个季度的销售额分别是 40000 元、20000 元和 30000 元，他想知道第四季度的销售额为多少时，才能保证年终奖金为 10000 元。

分析：在 B2:B4 单元格区域输入前 3 个季度的销售额；B5 单元格中第四季度的销售额未知；在 B6 单元格中输入年终奖金的计算公式 "=(B2+B3+B4+B5)*7%"，自动计算出当前的年终奖金为 6300 元。可以确定 B5 单元格是可变单元格，B6 单元格是目标单元格，目标值是 10000，单变量求解过程如下。

① 单击"数据"选项卡的"预测"选项组中的"模拟分析"按钮，选择"单变量求解"命令，弹出"单变量求解"对话框。

② 在"单变量求解"对话框中将"目标单元格"设置为"$B$6"，"目标值"设置为"10000"，"可变单元格"设置为"$B$5"，如图 4-27 所示。

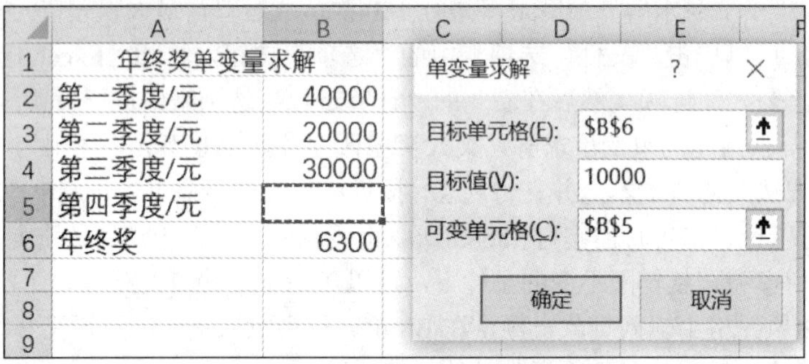

图 4-27　单变量求解设置

③ 单击"确定"按钮，执行单变量求解。Excel 会自动进行迭代运算，最终得出使目标单元格（B6）的值等于目标值 10000 时，可变单元格（B5）的值为 52857.1（第四季度要完成的销售额），如图 4-28 所示，单击"确定"按钮，完成计算。

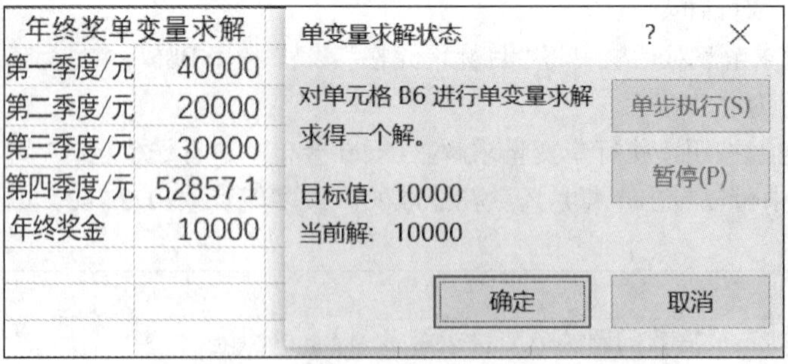

图 4-28　单变量求解第四季度销售额

4.2.2　模拟运算表

模拟运算表对一个单元格区域中的数据进行模拟运算，分析在公式中使用变量时，变量值的变化对公式运算结果的影响。在 Excel 中可以构造两种类型的模拟运算表：单变量模拟运算表和双变量模拟运算表。单变量模拟运算表用来分析一个变量值的变化对公式运算结果的影响，双变量模拟运算表用来分析两个变量值同时变化对公式运算结果的影响。

1．单变量模拟运算表

当需要分析单个决策变量变化对某个公式运算结果的影响时，可以使用单变量模拟运算表实现。例如，不同的年化收益率对理财产品收益的影响，不同的贷款年利率对还款额度的影响等。

【例题 4-8】某公司计划贷款 1200 万元，年限为 10 年，采取每月等额偿还本息的方法归还贷款本金并支付利息，目前的年利率为 4.25%，每月的偿还额为 122925.04 元。但根据宏观经济的发展情况，国家会通过调整年利率对经济发展进行宏观调控。投资者为了更好地进行投资决策，需要全面了解年利率变动对偿贷能力的影响。

4-2 单变量模拟运算表

分析：在 B2 单元格中输入贷款金额，在 B3 单元格中输入贷款年限，在 B4 单元格中输入年利率，B5 单元格中是每月等额还款额的计算公式"=PMT(B4/12,B3*12,B2)"，当前 B2 单元格中的值为 12000000（元），B3 单元格中的值为 10（年），B4 单元格中的值为 4.25%，B5 单元格中会自动计算出结果为(¥122,925.04)。

使用单变量模拟运算表可以很直观地以表格的形式，将偿还贷款的能力与年利率变化的关系在工作表上列出来，方便对比不同年利率下每月贷款偿还额。

用单变量模拟运算表解决此问题的步骤如下。

① 选择一个单元格区域作为模拟运算表存放区域，本例选择 D1:E13 单元格区域。其中 D2:D13 单元格区域列出了年利率的所有取值，本例为 3.25%、3.50%、…、6.00%。在 E1 单元格中输入计算每月偿还额的公式"=PMT(B4/12,B3*12,B2)"，结果如图 4-29 所示。

	A	B	C	D	E
1	单变量模拟运算				(¥122,925.04)
2	贷款金额/元	12000000		3.25%	
3	贷款年限/年	10		3.50%	
4	年利率	4.25%		3.75%	
5	每月还款	(¥122,925.04)		4.00%	
6				4.25%	
7				4.50%	
8				4.75%	
9				5.00%	
10				5.25%	
11				5.50%	
12				5.75%	
13				6.00%	

图 4-29 单变量模拟运算表实例

说明

（1）在单变量模拟运算表中，变量的值必须放在模拟运算表存放区域的第一行或第一列中。

（2）如果放在第一列，则必须在变量值区域的上一行的右侧列所对应的单元格中输入计算公式。

（3）如果放在第一行，则必须在变量值区域左侧列的下一行所对应的单元格中输入计算公式。

本例中是放在 D1:E13 单元格区域的第一列中，所以应该在 E1 单元格中输入计算公式。

② 选定整个模拟运算表区域（即 D1:E13），单击"数据"选项卡的"预测"选项组中的"模拟分析"按钮，选择"模拟运算表"命令，弹出"模拟运算表"对话框。

③ 在该对话框的"输入引用列的单元格"文本框中输入"$B$4"（该单元格表示贷款年利率，是可变单元格，其引用的单元格从 D2 到 D13），如图 4-30 所示，单击"确定"按钮，得到图 4-31 所示的结果。

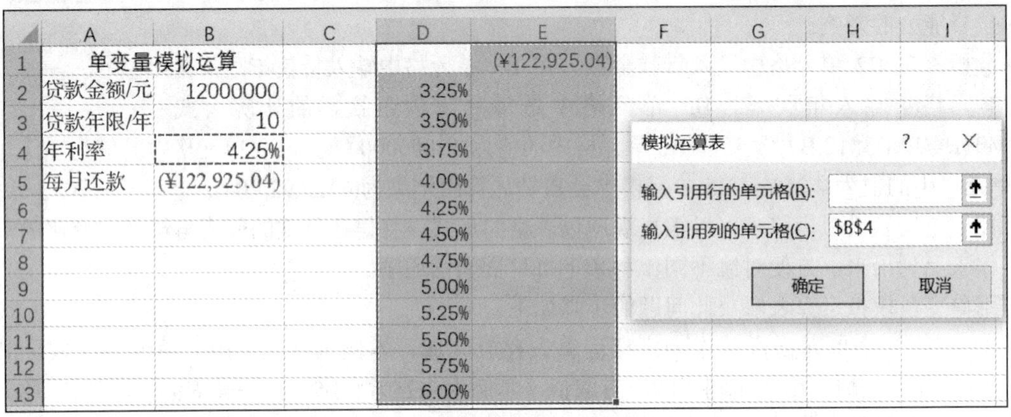

图 4-30 "模拟运算表"对话框

图 4-31 模拟运算表的计算结果

• 如果变量的值按列存放，则需要使用"输入引用列的单元格"文本框；如果变量的值按行存放，则需要使用"输入引用行的单元格"文本框，如图 4-32 所示，单击"确定"按钮，结果如图 4-33 所示。

• 被引用的单元格就是在模拟运算表进行计算时，变量的值要代替计算公式中的那一个单元格。本例中的变量值是年利率，所以指定"$B$4"为引用列的单元格，即年利率所在的单元格。

图 4-32 行引用的模拟运算表

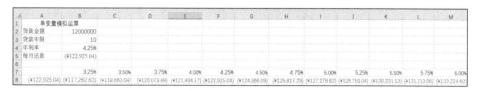

图 4-33 行引用的模拟运算表的计算结果

2．双变量模拟运算表

单变量模拟运算表只能解决一个变量值变化对公式计算结果的影响，如果想查看两个变量值变化对公式计算结果的影响就需要用到双变量模拟运算表。

【例题 4-9】【例题 4-8】中只考虑了年利率的变化，但有时候还需要同时考虑不同的贷款年限对偿还额的影响。

分析：这里涉及两个变量，一个是年利率，另一个是贷款年限，需要使用双变量模拟运算表进行计算。

用双变量模拟运算表解决此问题的步骤如下。

① 选择一个单元格区域作为模拟运算表存放区域。本例选择 A7:M13 单元格区域，其中 B7:M7 单元格区域列出了年利率的所有取值，分别为 3.25%、3.50%、…、6.00%；A8:A13 单元格区域列出了贷款年限的所有取值，分别为 5、10、…、30。在 A7 单元格中输入计算每月偿还额的公式"=PMT（B4/12,B3*12,B2）"。

② 选定整个模拟运算表区域（即 A7:M13），单击"数据"选项卡的"预测"选项组中的"模拟分析"按钮，选择"模拟运算表"命令，弹出"模拟运算表"对话框。

③ 在该对话框的"输入引用行的单元格"文本框中输入"$B$4"，在"输入引用列的单元格"文本框中输入"$B$3"，即行变量是年利率、列变量是贷款年限，如图 4-34 所示。

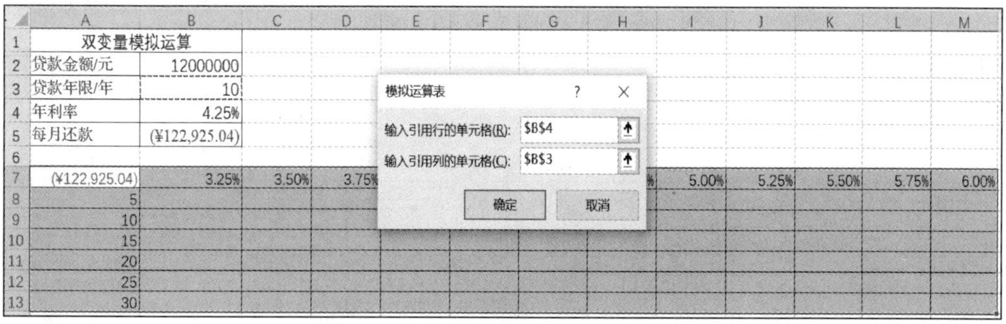

图 4-34 双变量模拟运算表设置

④ 单击"确定"按钮，双变量模拟运算表的计算结果如图 4-35 所示。

双变量模拟运算												
贷款金额/元	12000000											
贷款年限/年	10											
年利率	4.25%											
每月还款	(¥122,925.04)											
(¥122,925.04)	3.25%	3.50%	3.75%	4.00%	4.25%	4.50%	4.75%	5.00%	5.25%	5.50%	5.75%	6.00%
5	(¥216,960.03)	(¥218,300.94)	(¥219,647.02)	(¥220,998.26)	(¥222,354.67)	(¥223,716.23)	(¥225,082.94)	(¥226,454.80)	(¥227,831.81)	(¥229,213.95)	(¥230,601.22)	(¥231,993.62)
10	(¥117,262.83)	(¥118,663.04)	(¥120,073.49)	(¥121,494.17)	(¥122,925.04)	(¥124,366.09)	(¥125,817.29)	(¥127,278.62)	(¥128,750.04)	(¥130,231.53)	(¥131,723.06)	(¥133,224.60)
15	(¥84,320.25)	(¥85,785.90)	(¥87,266.69)	(¥88,762.55)	(¥90,273.41)	(¥91,799.19)	(¥93,339.83)	(¥94,895.24)	(¥96,465.33)	(¥98,050.01)	(¥99,649.21)	(¥101,262.82)
20	(¥68,063.49)	(¥69,595.17)	(¥71,146.60)	(¥72,717.64)	(¥74,308.14)	(¥75,917.93)	(¥77,546.84)	(¥79,194.69)	(¥80,861.30)	(¥82,546.48)	(¥84,250.02)	(¥85,971.73)
25	(¥58,477.95)	(¥60,074.83)	(¥61,695.74)	(¥63,340.42)	(¥65,008.57)	(¥66,699.90)	(¥68,414.08)	(¥70,150.80)	(¥71,909.73)	(¥73,690.50)	(¥75,492.77)	(¥77,316.17)
30	(¥52,224.76)	(¥53,885.36)	(¥55,573.87)	(¥57,289.84)	(¥59,032.79)	(¥60,802.24)	(¥62,597.68)	(¥64,418.59)	(¥66,264.44)	(¥68,134.68)	(¥70,028.74)	(¥71,946.06)

图 4-35　双变量模拟运算表的计算结果（1）

说明

- 在双变量模拟运算表中，两个变量的值必须分别放在模拟运算表存放区域的第一行和第一列，而且计算公式必须放在模拟运算表存放区域左上角的单元格中。
- 本例中模拟运算表的存放区域是 A7:M13，所以在 A7 单元格中输入计算公式，B7:M7 单元格区域列出年利率的所有取值，A8:A13 单元格区域列出贷款年限的所有取值。

4.2.3　方案管理器

如果要解决包括更多可变因素的问题，或者要在多种假设分析中找出最佳执行方案，单变量模拟运算表和双变量模拟运算表就无法实现了，这时可以使用 Excel 的方案管理器来完成。

方案管理器主要用于解决多方案求解问题。用户可利用方案管理器模拟不同方案的结果，根据多个方案的对比分析，考查不同方案的优劣，从中寻求最佳的解决方案。

【例题 4-10】基于【例题 4-9】双变量模拟运算表中的贷款问题，要求同时分析不同贷款年利率、贷款年限和贷款金额对每月偿还额的影响。

分析：在单变量模拟运算表中，指定的变量是年利率，贷款金额和贷款年限都是固定值。在双变量模拟运算表中，指定的变量是年利率和贷款年限，贷款金额是固定值。如果想把贷款金额也作为变量，即变量超过两个，变成 3 个，双变量模拟运算表已经不能满足要求，这时候要使用方案管理器。在使用方案管理器之前，首先要建立一个双变量模拟运算表来分析不同贷款年限和贷款年利率对每月偿还额的影响；然后再按照贷款金额分别为 1000 万元、1100 万元、1200 万元、1300 万元、1400 万元创建多个方案。

4-4　方案管理器

（1）建立双变量模拟运算表

用双变量模拟运算表来分析不同贷款年限和贷款年利率对每月偿还额的影响，如图 4-36 所示。

方案管理器的使用												
贷款金额/元	12000000											
贷款年限/年	10											
年利率	4.25%											
每月还款	(¥122,925.04)											
(¥122,925.04)	3.25%	3.50%	3.75%	4.00%	4.25%	4.50%	4.75%	5.00%	5.25%	5.50%	5.75%	6.00%
5	(¥216,960.03)	(¥218,300.94)	(¥219,647.02)	(¥220,998.26)	(¥222,354.67)	(¥223,716.23)	(¥225,082.94)	(¥226,454.80)	(¥227,831.81)	(¥229,213.95)	(¥230,601.22)	(¥231,993.62)
10	(¥117,262.83)	(¥118,663.04)	(¥120,073.49)	(¥121,494.17)	(¥122,925.04)	(¥124,366.09)	(¥125,817.29)	(¥127,278.62)	(¥128,750.04)	(¥130,231.53)	(¥131,723.06)	(¥133,224.60)
15	(¥84,320.25)	(¥85,785.90)	(¥87,266.69)	(¥88,762.55)	(¥90,273.41)	(¥91,799.19)	(¥93,339.83)	(¥94,895.24)	(¥96,465.33)	(¥98,050.01)	(¥99,649.21)	(¥101,262.82)
20	(¥68,063.49)	(¥69,595.17)	(¥71,146.60)	(¥72,717.64)	(¥74,308.14)	(¥75,917.93)	(¥77,546.84)	(¥79,194.69)	(¥80,861.30)	(¥82,546.48)	(¥84,250.02)	(¥85,971.73)
25	(¥58,477.95)	(¥60,074.83)	(¥61,695.74)	(¥63,340.42)	(¥65,008.57)	(¥66,699.90)	(¥68,414.08)	(¥70,150.80)	(¥71,909.73)	(¥73,690.50)	(¥75,492.77)	(¥77,316.17)
30	(¥52,224.76)	(¥53,885.36)	(¥55,573.87)	(¥57,289.84)	(¥59,032.79)	(¥60,802.24)	(¥62,597.68)	(¥64,418.59)	(¥66,264.44)	(¥68,134.68)	(¥70,028.74)	(¥71,946.06)

图 4-36　双变量模拟运算表的计算结果（2）

（2）按照贷款金额分别为 1000 万元、1100 万元、1200 万元、1300 万元、1400 万元创建方案具体操作过程如下。

① 单击"数据"选项卡的"预测"选项组中的"模拟分析"按钮，选择"方案管理器"命令，弹出"方案管理器"对话框，如图 4-37 所示。

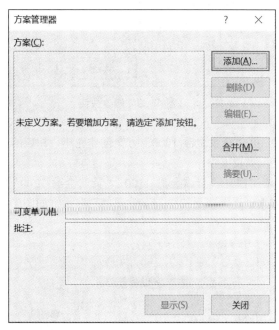

图 4-37 "方案管理器"对话框

② 在"方案管理器"对话框中单击"添加"按钮，弹出"添加方案"对话框。

③ 在"添加方案"对话框的"方案名"文本框中输入"贷款金额-1000"，然后指定贷款金额所在的 B2 单元格为可变单元格，如图 4-38 所示。

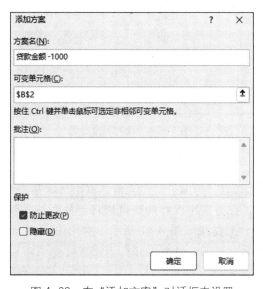

图 4-38 在"添加方案"对话框中设置

④ 单击"确定"按钮。出现"方案变量值"对话框，将文本框中显示的可变单元格原始数据修改为方案模拟数值 10000000，如图 4-39 所示。

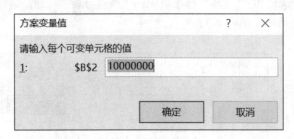

图 4-39　修改数值

⑤ 单击"确定"按钮，"贷款金额-1000"方案创建完毕，相应的方案会自动添加到"方案管理器"对话框的"方案"列表框中。

⑥ 重复上述步骤依次建立"贷款金额-1100""贷款金额-1200""贷款金额-1300""贷款金额-1400"4 个方案。方案创建完成后的"方案管理器"对话框如图 4-40 所示。

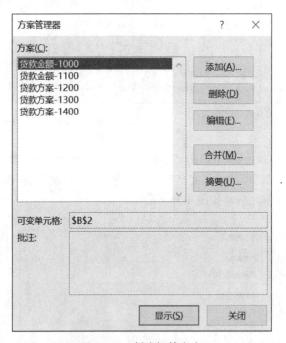

图 4-40　创建好的方案

（3）查看方案

方案创建完成以后，可以在"方案管理器"对话框中选定某一个方案，单击"显示"按钮来查看方案。查看方案时，在方案中保存的变量值将会替换可变单元格中的值。例如，查看方案"贷款金额-1400"的计算结果如图 4-41 所示。对比图 4-36 可以看到，所有与可变单元格相关的计算结果都是重新计算的，计算结果与方案设计一致，得出的每月还款额也是重新计算过的。

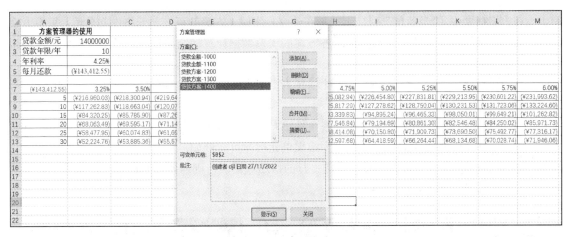

图 4-41 查看方案

（4）生成方案摘要

应用"方案管理器"对话框中的"显示"按钮一次只能查看一个方案，如果能将所有方案汇总到一个工作表中，形成一个方案报表，然后再对不同方案的影响进行比较、分析，将更有助于决策人员综合考查各种方案的效果。生成方案摘要的具体操作步骤如下。

① 单击"方案管理器"对话框中的"摘要"按钮，出现"方案摘要"对话框。

② 指定生成方案摘要的报表类型为"方案摘要"，在"结果单元格"文本框中指定每月等额还款额所在的单元格"B5,A7"，如图 4-42 所示，单击"确定"按钮。系统会自动创建一个新的名为"方案摘要"的工作表，内容如图 4-43 所示。

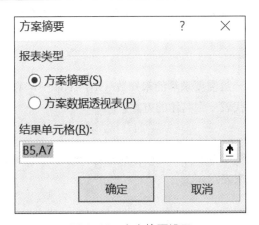

图 4-42 方案摘要设置

方案摘要						
		当前值:	贷款金额-1000	贷款金额-1100	贷款方案-1200	贷款方案-1300	贷款方案-1400
可变单元格:						
$B$2	14000000	10000000	11000000	12000000	13000000	14000000
结果单元格:						
$B$5	(¥143,412.55)	(¥102,437.53)	(¥112,681.29)	(¥122,925.04)	(¥133,168.79)	(¥143,412.55)
$A$7	(¥143,412.55)	(¥102,437.53)	(¥112,681.29)	(¥122,925.04)	(¥133,168.79)	(¥143,412.55)

图 4-43 "方案摘要"工作表

在方案摘要中，"当前值"列显示的是在建立方案时，方案的可变单元格中的数值；每组方案的可变单元格均以灰底突出显示；根据各方案的模拟数据计算的结果也同时显示在摘要中，便于管理人员比较、分析。

从方案摘要中可以看到，在贷款年限为 10 年、年利率为 4.25%、每月等额偿还本息的条件下，不同贷款金额每月的偿还额情况。

如果想查看在其他贷款年限、年利率条件下，不同贷款金额每月的偿还额的方案摘要，只需在设置方案摘要时将相应的单元格设置为结果单元格即可。例如，想要查看在贷款年限为 20 年、年利率为 3.75% 的条件下，不同贷款金额每月的偿还额情况，则需要将 D11 单元格设置为结果单元格。生成的方案摘要如图 4-44 所示。

方案摘要						
		当前值：	贷款金额-1000	贷款金额-1100	贷款方案-1200	贷款方案-1300	贷款方案-1400
可变单元格：						
$B$2	14000000	10000000	11000000	12000000	13000000	14000000
结果单元格：						
$D$11	(¥71,146.60)	(¥71,146.60)	(¥71,146.60)	(¥71,146.60)	(¥71,146.60)	(¥71,146.60)

图 4-44　方案摘要

4.2.4　规划求解

规划求解主要用于解决有限资源的最佳分配问题。规划求解的问题归结起来可以分成两类：一类是确定了某个任务，研究如何使用最少的人力、物力和财力去完成它；另一类是已经有了一定数量的人力、物力和财力，研究如何获得最大的收益。从数学角度来看，规划求解的问题都有下述 3 个特征。

1．决策变量

每个规划求解问题都有一组需要求解的未知数（X_1，X_2，$\cdots$，X_n），被称为"决策变量"。这组决策变量的一组确定值就代表一个具体的方案。

2．约束条件

规划求解问题的决策变量通常都有一定的限制条件，被称为"约束条件"。约束条件通常用包含决策变量的不等式或等式来表示。

3．目标函数

每个问题都有一个明确的目标，如利润最大或成本最小。目标通常用与决策变量有关的表达式表示，被称为"目标函数"。

在 Excel 中进行规划求解时首先要将实际问题数学化、模型化，即将实际问题用一组决策变量、一组用不等式或等式表示的约束条件以及目标函数来表示，这是解决规划求解问题的关键，然后才可以应用 Excel 的规划求解工具求解。

规划求解工具是 Excel 的一个加载项，安装时默认不加载。如果用户需要使用规划求解工具，必须手动加载。具体操作步骤如下。

① 单击"文件"选项卡中的"选项"按钮，弹出"Excel 选项"对话框，在对话框左侧选择

"加载项"选项,在对话框右侧选择"Excel 加载项"选项,如图 4-45 所示。单击"转到"按钮,打开"加载项"对话框,勾选相应的复选框,如图 4-46 所示。

图 4-45 Excel 加载项

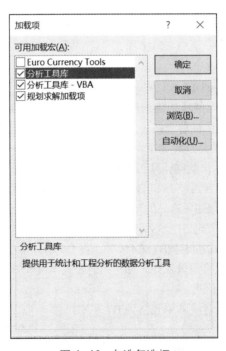

图 4-46 勾选复选框

② 单击"确定"按钮完成加载。加载成功后，在"数据"选项卡的"分析"选项组中可以看到"规划求解"按钮，如图 4-47 所示。

图 4-47 "规划求解"按钮

【例题 4-11】 企业生产计划规划求解。

某工厂要制订生产计划，已知该工厂有两种机器：一种机器用来生产 A 产品，每生产 1 吨 A 产品需要工时 3 小时，用电量 4 千瓦，原材料 9 吨，可以得到利润 200 万元；另一种机器用来生产 B 产品，每生产 1 吨 B 产品需要工时 7 小时，用电量 6 千瓦，原材料 5 吨，可以得到利润 210 万元。现厂房可提供的总工时为 300 小时，电量为 250 千瓦，原材料为 420 吨。那么如何分配两种产品的生产量才能使利润最大化呢？

4-5 企业生产计划
规划求解

分析：利用 Excel 中的规划求解工具来完成计算，需要建立规划模型，即根据实际问题确定决策变量，设置约束条件和目标函数。

（1）决策变量

这个问题的决策变量有两个：A 产品的生产量 X_1 和 B 产品的生产量 X_2。

（2）约束条件

生产量不能是负数：$X_1 \geqslant 0$，$X_2 \geqslant 0$。

总工时不能超过 300 小时：$3X_1 + 7X_2 \leqslant 300$。

总电量不能超过 250 千瓦：$4X_1 + 6X_2 \leqslant 250$。

原材料不能超过 420 吨：$9X_1 + 5X_2 \leqslant 420$。

（3）目标函数

利润最大化：$P_{\max} = 200X_1 + 210X_2$。

Excel 中的规划求解通过调整所指定的可变单元格（决策变量）的数值，并对可变单元格的数值应用约束条件，从而求出目标单元格公式（目标函数）的最优值。根据建立的规划模型，在 Excel 中利用规划求解工具的具体过程如下。

① 根据工厂的实际情况制作数据计算工作表，分别填写生产 1 吨 A 产品和 B 产品所需要的工时、电量、原材料，每生产 1 吨 A 产品和 B 产品所能获取的利润以及厂房现在可提供的总工时、总电量和总原材料。当前无法预知各产品的产量为多少，可以先随意填写（这里分别填写为 10 和 15，肯定不是最优解）；在 D3 单元格中输入计算工时需求量的公式"=B3*B7+C3*C7"；在 D4 单元格中输入计算用电需求量的公式"=B4*B7+C4*C7"；在 D5 单元格中输入计算原材料需求量的公式"=B5*B7+C5*C7"；在 B8 单元格中输入计算总利润的公式"=B6*B7+C6*C7"，如图 4-48 所示。

从工作表中可以看出以下信息。

- 两个决策变量 X_1 和 X_2 对应的单元格为 B7 和 C7。
- 约束条件。

生产量不能是负数转换为：B7$\geqslant$0，C7$\geqslant$0；

总工时不能超过 300 小时转换为：D3$\leqslant$E3；

	A	B	C	D	E
1	企业生产计划规划求解				
2		产品A	产品B	完成生产所需的	现有资源
3	工时/（小时/吨）	3	7	135.00	300
4	用电量/（千瓦/吨）	4	6	130.00	250
5	原材料/吨	9	5	165.00	420
6	单位利润/（万元/吨）	200	210		
7	产量/吨	10	15		
8	总利润/万元	5150			

图 4-48　"企业生产计划规划求解"工作表

总电量不能超过 250 千瓦转换为：D4≤E4；

原材料不能超过 420 吨转换为：D5≤E5。

- 目标函数对应的单元格为 B8。

② 在"数据"选项卡的"分析"选项组中单击"规划求解"按钮，弹出"规划求解参数"对话框。

③ 设置"设置目标"为"$B$8"，也就是总利润单元格，并选择"最大值"选项。

④ 在"通过更改可变单元格"文本框中输入与决策变量对应的$B$7:$C$7 两个单元格，即产量是可变的。

⑤ 在"遵守约束"列表框右侧单击"添加"按钮，打开"添加约束"对话框（见图4-49），逐条添加所有的约束条件，如图4-50 所示。

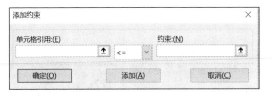

图 4-49　"添加约束"对话框

图 4-50　添加所有约束条件

⑥ 单击"求解"按钮，系统会给出规划求解结果，如图 4-51 所示。其中，总利润可以达到 10991.18 万元，产品 A 生产 37.35 吨，产品 B 生产 16.76 吨，可用电量和原材料刚好用完，总工时符合要求，只用了 229.41 小时。

	A	B	C	D	E
1	企业生产计划规划求解				
2		产品A	产品B	完成生产所需的	现有资源
3	工时/(小时/吨)	3	7	229.41	300
4	用电量/(千瓦/吨)	4	6	250.00	250
5	原材料/吨	9	5	420.00	420
6	单位利润/(万元/吨)	200	210		
7	产量/吨	37.35	16.76		
8	总利润/万元	10991.18			

图 4-51　规划求解结果

系统在给出规划求解结果的同时会弹出一个"规划求解结果"对话框。通过该对话框可以自动生成有关的"运算结果报告""敏感性报告""极限值报告"，如图 4-52 所示。用户可以根据需要在列表框中选择需要建立的结果分析报告，单击"确定"按钮后 Excel 将在独立的工作表中自动建立有关报告。

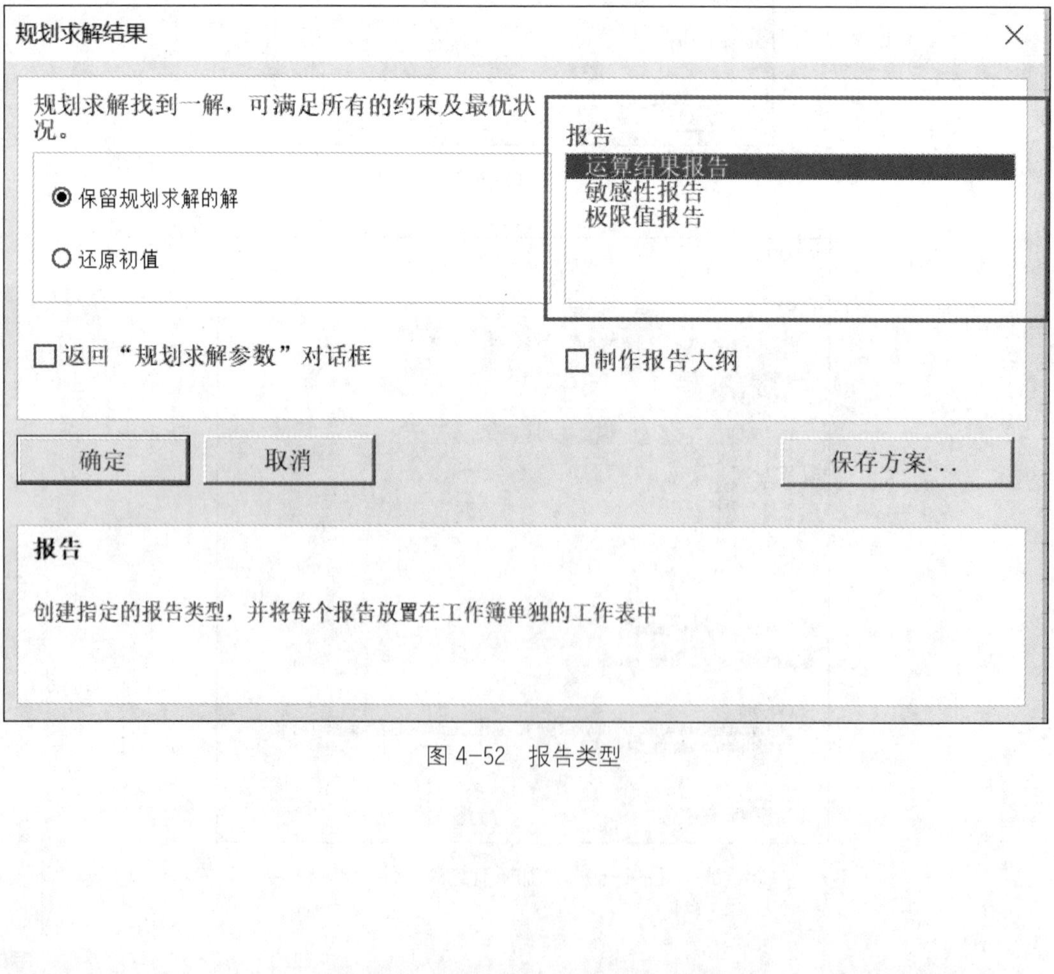

图 4-52　报告类型

⑦ 选择"运算结果报告"选项，单击"确定"按钮后得到的报告如图 4-53 所示。

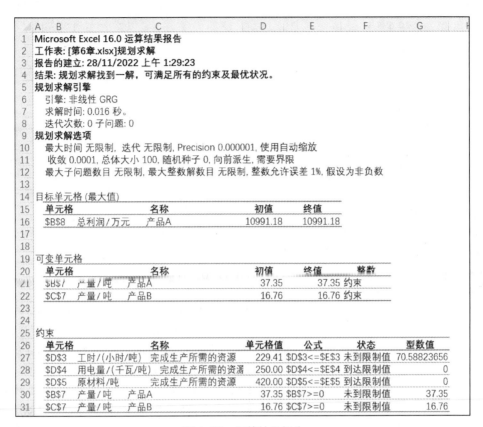

图 4-53　运算结果报告

4.3　应用实例——闰年判定

如何在数据表中判断年份是否为闰年？

分析：判断某年是否为闰年，有两个判断角度。

角度一：可以看年份。根据闰年规则"四年一闰，百年不闰，四百年再闰"，年份满足下列条件之一则为闰年。

（1）能被 4 整除且不能被 100 整除（如 2004 年是闰年，而 1900 年不是）。

（2）能被 400 整除（如 2000 年是闰年）。

角度二：可以看 2 月的天数。2 月有 29 天的年份是闰年。

求解：根据这两个判断角度，有如下几种方法用于判定闰年。

1．从年份判断

方法一：MOD 函数

在 C2 单元格中输入公式"=IF((MOD(B2,400)=0)+(MOD(B2,4)=0)*(MOD(B2,100)<>0),"闰年","平年")"，拖动填充柄向下填充公式，结果如图 4-54 所示。

在 C2 单元格中输入公式"=IF(MOD(B1,4)=0,IF(MOD(B1,100)=0,IF(MOD(B1,400)=0,"闰年","平年"),"闰年"),"平年")"，拖动填充柄向下填充公式。

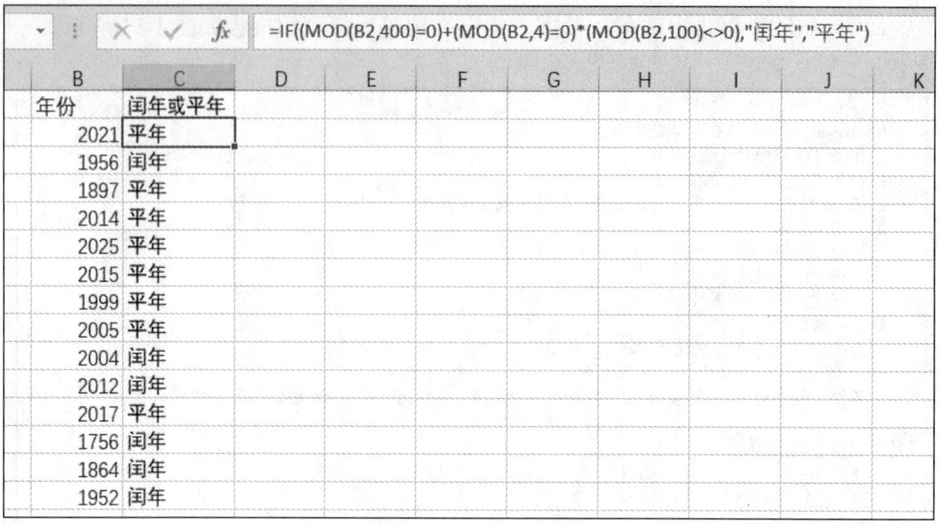

=IF((MOD(B2,400)=0)+(MOD(B2,4)=0)*(MOD(B2,100)<>0),"闰年","平年")

年份	闰年或平年
2021	平年
1956	闰年
1897	平年
2014	平年
2025	平年
2015	平年
1999	平年
2005	平年
2004	闰年
2012	闰年
2017	平年
1756	闰年
1864	闰年
1952	闰年

图 4-54　闰年、平年判断实例

方法二：MOD+AND+OR 函数

在 C2 单元格中输入公式“=IF(OR((MOD(B2,400)=0),AND((MOD(B2,4)=0),(MOD(B2,100)<>0))),"闰年","平年")”，拖动填充柄向下填充公式。

MOD 函数为取余函数。MOD(B2,4)返回 B2 单元格的数值被 4 除后的余数。如果 B2 单元格的数值能被 4 整除，则 MOD(B2,4)=0。对于 AND 函数，如果所有条件参数的逻辑值都为真，则返回 TRUE；只要有一个参数的逻辑值为假，就返回 FALSE。AND((MOD(B2,4)=0),(MOD(B2,100)<>0))表示只有当 B2 单元格的数值只能被 4 整除且不能被 100 整除时，AND 函数才返回 TRUE。对于 OR 函数，如果所有条件参数的逻辑值都为假，则返回 FALSE；只要有一个参数的逻辑值为真，就返回 TRUE。（OR((MOD(B2,400)=0),AND((MOD(B2,4)=0),(MOD(B2,100)<>0)))表示只要年份满足上述判断条件之一，就是闰年。

2．从 2 月是否有 29 天判断

方法一：DATE+DAY 函数

在 C2 单元格中输入公式“=IF(DAY(DATE(B2,3,0))=29,"闰年","平年")”，拖动填充柄向下填充公式。

DATE 函数用于返回指定年月日的日期，如 DATE(2000,3,1)的返回结果为“2000/3/1”。DATE(B2,3,0)表示返回 2000 年 2 月的最后一天的日期。DAY 函数用于返回一个日期中的第几天，DAY("2021/10/21")的返回结果为 21。DAY(DATE(B2,3,0))表示返回 2 月的最后一天。如果是闰年，DAY(DATE(B2,3,0))=29，否则 DAY(DATE(B2,3,0))=28。

方法二：DATE+MONTH 函数

在 C2 单元格中输入公式“=IF(MONTH(DATE(B2,2,29))=2,"闰年","平年")”，拖动填充柄向下填充公式。

MONTH 函数用于返回月份，如 MONTH("2021/10/21")的返回结果为 10。

例如，2000 年是闰年，2 月有 29 天，那么 DATE(B2,2,29)=2000/2/29，MONTH(DATE(B2,2,29))=2；2001 年是平年，2 月只有 28 天，那么 DATE(B3,2,29)=2001/3/1，MONTH(DATE(B3,2,29))=3。因此，当公式返回的数值为 3 时为平年，返回的数值为 2 时则为闰年。

方法三：EOMONTH+DAY 函数

在 C2 单元格中输入公式 "=IF(DAY(EOMONTH(DATE(B2,2,1),0))=29,"闰年","平年")"，拖动填充柄向下填充公式。

EOMONTH 函数用于返回指定月份之前或之后月份的最后一天。EOMONTH(DATE(B2,2,1),0)) 表示返回 2 月最后一天的日期。如果为闰年，2 月最后一天为 29 日，则 DAY(EOMONTH(DATE(B2,2,1),0))=29。

本章习题

一、单选题

1. 若单元格 A1=1，A2=2，A3=3，A4=4，则函数 COUNT(A1:A3)的值是（　　）。

  A．3   B．6   C．7   D．8

2. 若 A2 单元格的值是 "138****8888"，B2 单元格的公式是 "=LEFT（A2,4）"，则 B2 单元格显示的内容为（　　）。

  A．138*   B．138****8888   C．****   D．8888

3. 若 A2 单元格的值是 "138****8888"，B2 单元格的公式是 "=MID（A2,4,4）"，则 B2 单元格显示的内容为（　　）。

  A．138*   B．138****8888   C．****   D．8888

4. 若 A2 单元格的值是 "138****8888"，B2 单元格的公式是 "=RIGHT（A2,4）"，则 B2 单元格显示的内容为（　　）。

  A．138*   B．138****8888   C．****   D．8888

5. 若 A2 单元格的值是 3，B2 单元格的值是 15，则公式 "=AND（A2>10,B2>10）"的结果是（　　）。

  A．3   B．15   C．TRUE   D．FALSE

6. 在 Excel 的 "模拟分析" 命令中，不包含的子命令是（　　）。

  A．方案管理器   B．模拟运算表   C．单变量求解   D．规划求解

7. 下列选项中，（　　）功能必须在 Excel 中手工加载后才能使用。

  A．方案管理器   B．模拟运算表   C．单变量求解   D．规划求解

8. 规划求解结果可以提供的报告不包括（　　）。

  A．运算结果报告   B．敏感性报告   C．方案摘要报告   D．极限值报告

9. 某职工的年终奖金是全年销售额的 20%，前 3 个季度计算的销售额已经知道了，该职工想知道第四季度的销售额为多少时，才能保证年终奖金为 20000 元，该问题可以用（　　）计算。

  A．方案管理器   B．模拟运算表   C．单变量求解   D．规划求解

10. 某人想买房，需要向银行贷款 50 万元，还款年限是 20 年，贷款年利率根据国家经济的发展会有调整，假设贷款年利率分别为 4.5%、4.75%、…、7.0%，要计算不同贷款年利率下每月的还款额。该问题可以用（　　）计算。

  A．方案管理器   B．模拟运算表   C．单变量求解   D．规划求解

二、判断题

1. 单变量求解只能用于求解含有一个变量的公式。（　　）

2. 在模拟运算表中，变量的值可以存放在任意单元格中。（　　）

3．模拟运算表中填写计算公式的单元格可以是任意单元格。（　　）

4．如果一个公式中要分析的变量超过两个，必须使用方案管理器。（　　）

5．规划求解可以用于求解方程组问题。（　　）

本章实训

1．某学校进行了一次宿舍查寝工作，具体得分表为"第四章实训数据.xlsx"，现需要进行如下分析。

（1）学校规定不允许在宿舍内使用电吹风等违规电器，但仍有部分学生使用，使用违规电器的宿舍的违规电器项得分为 0，请找出使用违规电器的宿舍及其宿舍长。

（2）部分宿舍脏、乱、差，请计算脏、乱、差的宿舍总数。

（3）请计算每个宿舍总分与平均分之间的差值。

（4）对所有宿舍的总分进行排名。

　　　　查找使用违规电器的宿舍应该使用 IF 函数。宿舍长对应的信息存放在另外一个表格中，因此需要运用 VLOOKUP 函数进行跨表格查询。对于计算总数则应该运用 COUNTIF 函数，计算每个宿舍总分与平均分之间的差值应该使用公式进行嵌套，计算排名则应该使用 RANK 函数。

2．模拟学校组织辩论大赛，并根据评委打的分，计算选手的得分（去除最高分和最低分），并选出排名前 3 的辩手。

3．从学校教务系统中下载自己的本学年学习成绩单，按要求计算加权平均成绩。

4．用规划求解解答以下问题。

100 个和尚吃 100 个馒头，一个大和尚吃 3 个，3 个小和尚吃 1 个，正好把这 100 个馒头分完。请问大和尚、小和尚各有多少人？

5．某企业需要采购一批赠品用于促销活动，采购的目标品种有 4 种，即 A、B、C 和 D，单价分别为 20 元、13 元、15 元和 10 元，根据需要，采购原则如下。

（1）赠品的总数量为 4000 件。

（2）赠品 A 不能少于 400 件。

（3）赠品 B 不能少于 600 件。

（4）赠品 C 不能少于 800 件。

（5）赠品 D 不能少于 200 件，但也不能多于 1000 件。

如何拟定采购计划才能使采购成本最低呢？

第5章 数据可视化

数据可视化作为数据分析结果的最终展示环节，能够迅速将碎片化的数据整合为信息，并以更为清晰、易懂的可视化形式进行呈现，从而传递数据价值，支撑管理者做出科学决策。

数据可视化将单一数据或复杂数据通过视觉呈现，从而精简且直观地传递数据所蕴含的深层次信息。数据可视化设计的主要原则包括 4 个：第一，充分利用已有的先验知识；第二，选择合适的视图与交互设计；第三，确定并控制可视化图表所包含的信息量；第四，添加美学元素吸引使用者的注意力。

基于对比分析的视角，数据可视化可以采用柱形图、条形图、折线图、面积图、漏斗图等实现对数据分析结果的呈现；基于组成结构的视角，可以采用饼图、圆环图等呈现数据分析结果；基于关联分析的视角，可以采用散点图、气泡图等呈现数据分析结果；基于描述分析角度看，可以采用热力图、雷达图、词云图、仪表盘等呈现数据分析结果。

本章学习目标

1．熟练掌握 Excel 中的图表的类型、用途和创建流程。
2．学会利用 Excel 中的图表进行可视化分析。
3．熟练掌握数据透视表和数据透视图的创建流程及基本使用方法。

5.1 图表

图表是基于工作表中的数据生成的，是呈现数据的一种方式，主要有迷你图、嵌入式图表、图表工作表等。

5.1.1 创建图表

Excel 图表的创建步骤是在"插入"选项卡中，选择图表区域的推荐图表，或者单独选择某一种图表，即可完成图表的创建。图表的类型有以下几种。

1．柱形图

柱形图是常用的一种图表类型，垂直比较各个数据，用矩形的高低来表示数据的大小。

2．折线图

折线图是用线段将各个数据点连接起来的图形，用来显示数据的变化趋势。

3. 饼图

饼图只能用一列数据作为数据源，它将一个圆分成若干扇形，扇形的大小表示该项数据占所有数据的百分比。

4. 条形图

条形图水平比较各项数据，用矩形的长短来表示数据的大小。

5. 面积图

面积图主要显示部分与整体的关系，还可以显示数量随时间的变化趋势。

6. XY 散点图

XY 散点图主要显示若干数据系列中各数据之间的关系，它可以用线段或一系列的点来描述数据的分布情况。

7. 股价图

股价图是一种专用图形，主要用于显示股票价格的波动情况和股市行情。

8. 曲面图

曲面图是折线图和面积图的另一种形式，显示两组数据之间的最佳组合。

9. 雷达图

雷达图显示一个中心向四周辐射多个数值的坐标轴，适合比较若干数据系列的聚合值。

10. 旭日图

旭日图显示各个部分与整体之间的关系，能包含多个数据系列，由多个同心的圆环来表示。它将一个圆环划分成若干圆环段，每个圆环段表示一个数据在相应数据系列中所占的比例。

另外，Excel 中还提供了树状图、直方图、箱形图、瀑布图、组合图等图表类型（见图 5-1）。

图 5-1　Excel 图表的类型

下面以具体示例介绍其中常用的一些图表。

1. 柱形图

以某家电销售量表格为例，根据各个季度的销售数据制作柱形图。选中 A2:D3 单元格区域，切换到"插入"选项卡，在"图表"选项组中单击"推荐的图表"按钮，在出现的对话框中，切换到"所有图表"选项卡，选择一个柱形图，单击"确定"按钮，得到图 5-2 所示的柱形图。

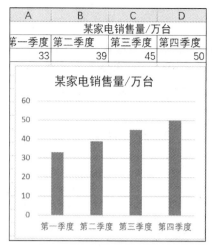

A	B	C	D
某家电销售量/万台			
第一季度	第二季度	第三季度	第四季度
33	39	45	50

图 5-2 某家电销售情况柱形图

2. 百分比堆积柱形图

百分比堆积柱形图是柱形图的一种,它能较好地反映各个类别的每一个数值占总值的百分比。

例如,现有一个数据表,其中有信息管理学院各个班级男生、女生的人数统计情况,要求创建能反映学生性别比例的图表。

分析:可以创建百分比堆积柱形图来反映各个班级男生、女生的比例情况。

选定 A1:C7 单元格区域为数据源。在"插入"选项卡的"图表"选项组中单击"图表",在"插入图表"对话框中,选择"百分比堆积柱形图"类型,单击"确定"按钮,得到的图表如图 5-3 所示,从图中可以直观地观察到男生、女生的比例。

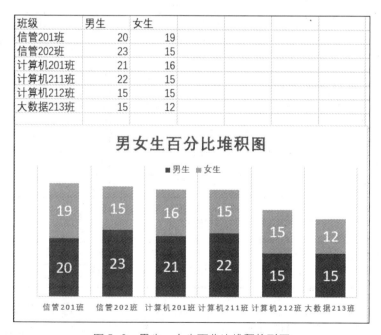

图 5-3 男生、女生百分比堆积柱形图

3. 折线图

在前面某家电销售量表格中，选择 A2:D3 单元格区域，在"插入"选项卡的"图表"选项组中单击"推荐的图表"按钮，在出现的对话框中切换到"所有图表"选项卡，选择折线图，单击"确定"按钮，得到图 5-4 所示的折线图。

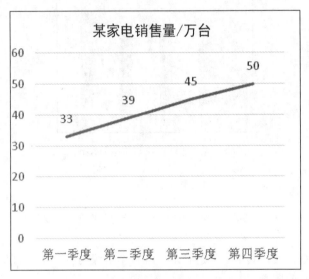

图 5-4　某家电销售情况折线图

例如，根据国家统计局的统计，近 11 年我国出生人口数量如表 5-1 所示。请选定合适的图表，对数据进行分析。

表 5-1　　　　　　　　　　　近 11 年我国出生人口数量

年份	出生人口/万人
2011	1604
2012	1635
2013	1640
2014	1687
2015	1655
2016	1786
2017	1723
2018	1523
2019	1465
2020	1200
2021	1062

根据上述表格数据，选择"插入"选项卡中的折线图，并对该图进行了数据标签和趋势线的添加，在"趋势线"中选择"线性预测"，可以得到图 5-5 所示的带预测趋势线的折线图。从该图

中可以看出，近年来，我国出生人口数量呈现下降趋势，预测随着我国人口政策的实施，未来几年，出生人口数量下降的态势将会减缓并有少量上升的空间。

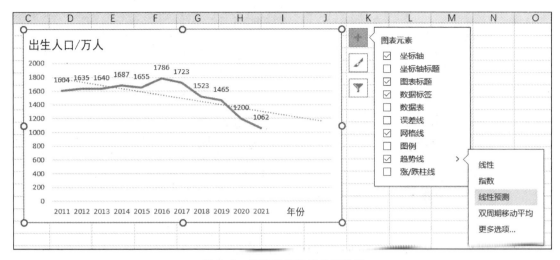

图 5-5　带预测趋势线的折线图

4. 条形图

以学生月考成绩数据表为例，在"插入"选项卡中单击"推荐的图表"按钮，在出现的"插入图表"对话框中，切换到"所有图表"选项卡，选择条形图，单击"确定"按钮，可以得到月考成绩分析条形图，如图 5-6 所示。

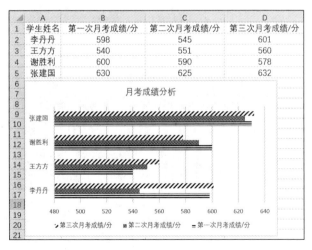

图 5-6　月考成绩分析条形图

5. 饼图

以某家电销售量表格为例，选中 A2:D3 单元格区域，单击"插入"选项卡中的"推荐的图表"按钮，在出现的对话框中，切换到"所有图表"选项卡，选择其中的饼图，单击"确定"按钮，得到图 5-7 所示某家电销售情况分析饼图。单击该饼图，出现"+"符号，单击该符号，可以对该饼图进行进一步编辑，勾选"数据标签"复选框，可以将各个季度的销售份额显示在饼图中，如图 5-8 所示。

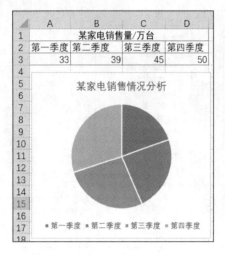

图 5-7　某家电销售情况分析饼图

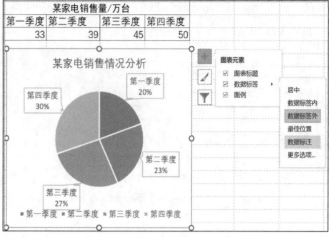

图 5-8　带数据标签的饼图

6. 树状图

选中某家电销售量数据表的 A2:D3 单元格区域，单击"插入"选项卡中的"推荐的图表"按钮，在出现的对话框中，切换到"所有图表"选项卡，选择其中的树状图，单击"确定"按钮，得到图 5-9 所示的树状图。

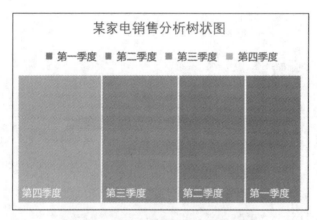

图 5-9　某家电销售情况分析树状图

5.1.2　编辑图表

1. 更改图表的数据源

图表创建完成后，用户可以根据需要重新选择图表的数据源，不需要删除原来的图表。

（1）交换行、列数据

创建图表后，可以实现行数据与列数据的交换。操作步骤为：单击图表区域，显示图表工具相关的选项卡；在"设计"选项卡的"数据"选项组中，单击"切换行/列"按钮，或单击"选择数据"按钮，打开相应的对话框，单击"切换行/列"按钮即可。行、列数据交换前后的对比如图 5-10 所示。

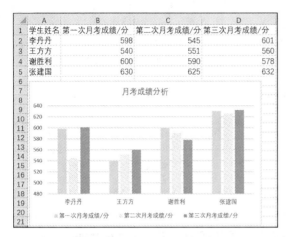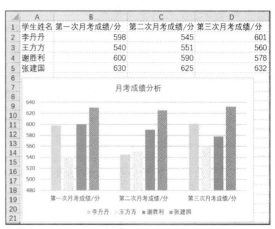

图 5-10　行、列数据交换前后的对比

（2）重新选择数据源

如果需要改变图表的数据区域，可以对数据源进行重新选择。操作步骤为：单击图表区域，显示图表工具相关的选项卡；在"设计"选项卡的"数据"选项组中，单击"选择数据"按钮，打开"选择数据源"对话框，可在其中重新选择数据源，如图 5-11 所示。

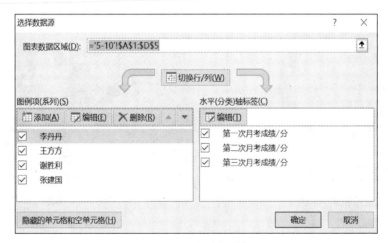

图 5-11　重新选择数据源

2. 更改图表的位置

选中需要更改位置的图表，在"设计"选项卡的"位置"选项组中，单击"移动图表"按钮。在打开的"移动图表"对话框中，如果要将嵌入式图表设置为图表工作表，则选择"新工作表"选项，并输入新工作表名称，如图 5-12 所示；如果要将图表工作表设置为嵌入式图表，则选择"对象位于"选项，并选择要嵌入的工作表。

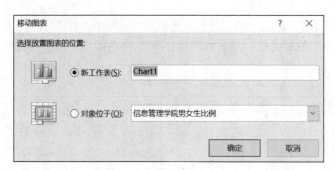

图 5-12　图表位置的更改

5.1.3　图表应用

本节主要通过实例介绍 Excel 图表的高级应用。

根据 2021 年全国人口普查数据：从年龄构成来看，0～14 岁的人口约有 25338 万人，占全国人口的比重为 17.95%；15～59 岁人口约为 89438 万人，占全国人口的比重为 63.35%；60 岁及以上人口约为 26402 万人，占全国人口的比重为 18.70%，其中 65 岁及以上人口为 19065 万人，占全国人口的比重为 13.50%。与 2010 年第六次全国人口普查相比，0～14 岁人口的比重上升 1.35 个百分点，15～59 岁人口的比重下降 6.79 个百分点，60 岁及以上人口的比重上升 5.44 个百分点，65 岁及以上人口的比重上升 4.63 个百分点，我国人口老龄化程度显著加深。

其中，2021 年我国人口年龄分布的圆环图如图 5-13 所示，饼图如图 5-14 所示。

图 5-13　2021 年我国人口年龄分布圆环图

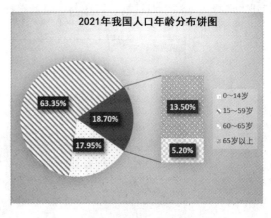

图 5-14　2021 年我国人口年龄分布饼图

5.2　迷你图

迷你图是绘制在单元格中的一种微型图表，可以直观地反映一组数据的变化趋势，能够突出显示数据中的最大值、最小值，结构简单、紧凑。用户可以在一个单元格中创建迷你图，也可以在连续的单元格区域中创建迷你图。迷你图主要展示数据的变化趋势，无法体现真正的数据间的差异大小。迷你图主要有 3 种：折线图、柱形图、盈亏图。折线图和柱形图表示数据的变化趋势，盈亏图只体现数据的正负差异。

5.2.1 创建迷你图

迷你图的创建方式有以下两种。

1. 在一个单元格中创建迷你图

选中要存放迷你图的单元格。在"插入"选项卡的"迷你图"选项组中，单击所需的迷你图类型（如单击"折线"按钮，如图 5-15 所示）。在打开的"创建迷你图"对话框中，完成数据范围的选定，单击"确定"按钮，即可在选中的单元格中创建迷你图。

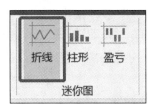

图 5-15 单击"折线"按钮

例如，某班级学生 3 次月考的成绩公布出来了，现要对每个学生的成绩进行分析，利用迷你图来反映考试成绩的变化情况。

操作：选中 E2 单元格，单击"插入"选项卡的"迷你图"选项组中的"折线"按钮，出现"创建迷你图"对话框，选择数据范围 B2:D2，如图 5-16 所示，单击"确定"按钮，即可完成单个迷你图的创建。按照上述操作可以依次完成 E3、E4、E5 单元格的迷你图创建（见图 5-17）。

	A	B	C	D	E
1	学生姓名	第一次月考成绩/分	第二次月考成绩/分	第三次月考成绩/分	折线图
2	李丹丹	598	545	601	
3	王方方	540	551	560	
4	谢胜利	600	590	578	
5	张建国	630	625	632	

创建迷你图　？　×

选择所需的数据

数据范围(D): B2:D2

选择放置迷你图的位置

位置范围(L): $E$2

确定　取消

图 5-16 选择数据范围（1）

	A	B	C	D	E
1	学生姓名	第一次月考成绩/分	第二次月考成绩/分	第三次月考成绩/分	折线图
2	李丹丹	598	545	601	
3	王方方	540	551	560	
4	谢胜利	600	590	578	
5	张建国	630	625	632	

图 5-17 考试情况迷你图

2. 在连续的单元格区域中创建迷你图

有时需要同时创建一组迷你图，如在前面的例子中，可以一次性创建连续区域的迷你图，以减少操作步骤。

操作步骤如下。

选中要插入迷你图的单元格区域 E2:E5，在"插入"选项卡的"迷你图"选项组中，单击"折线"按钮。在打开的"创建迷你图"对话框中，选择数据范围为 B2:D5，如图 5-18 所示，单击"确定"按钮，即可创建 E2: E5 单元格区域的迷你图。

	A	B	C	D	E
1	学生姓名	第一次月考成绩/分	第二次月考成绩/分	第三次月考成绩/分	考试分析
2	李丹丹	598	545	601	
3	王方方	540	551	560	
4	谢胜利	600	590	578	
5	张建国	630	625	632	

创建迷你图　　　　　　　　？　×

选择所需的数据

数据范围(D)：　B2:D5

选择放置迷你图的位置

位置范围(L)：　$E$2:$E$5

确定　　取消

图 5-18　选择数据范围（2）

5.2.2　修改迷你图

1. 设计迷你图

选择已经创建的迷你图，在"迷你图"选项卡的"显卡"选项组中，可以选择突出显示不同的数据点位（高点、低点、负点、首点、尾点、标记等），如图 5-19 所示。

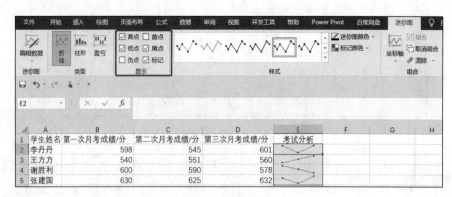

图 5-19　迷你图的设计

2. 更改迷你图

如果迷你图是利用拖曳、复制操作创建的，则系统默认它们是一个组合。如果需要更改某个迷你图的类型，需要先单击"取消组合"按钮，再选择要变更的迷你图，选择需要的类型即可。

3. 清除迷你图

选择已经创建的迷你图，单击"迷你图"选项卡中的"清除"按钮，将删除选中的迷你图。

5.3　数据透视表

数据透视表和数据透视图是数据分析的有力工具。数据透视表是 Excel 提供的一种交互式报表，可以根据不同的分析目的进行汇总、分析、浏览数据，得到想要的分析结果。它是一种动态数据分析工具。数据透视图则是将数据透视表中的数据图形化，便于用户比较、分析数据。

当数据规模较大时，运用数据透视表可以方便地查看数据的不同汇总结果。Excel 要求创建数据透视表的数据区域必须没有空行和空列，而且每列都有列标题。

5.3.1　创建数据透视表

创建数据透视表的关键是设计数据透视表的字段布局，即数据按哪些字段分页（筛选），哪些字段组成行，哪些字段组成列，对哪些字段进行计算以及进行什么类型的计算。创建数据透视表的操作步骤如下。

① 在工作表中选择数据区域的任意一个单元格。

② 在"插入"选项卡的"表格"选项组中，单击"数据透视表"按钮，打开"来自表格或区域的数据透视表"对话框，如图 5-20 所示。

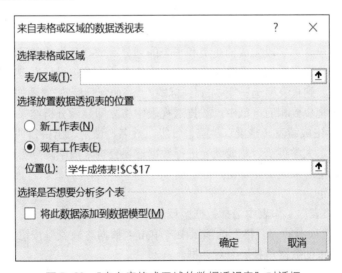

图 5-20　"来自表格或区域的数据透视表"对话框

选择放置数据透视表的位置，有"新工作表"和"现有工作表"两个选项，默认选择"新工作表"选项。如果选择"新工作表"选项，则系统会自动创建一个新的工作表，并将数据透视表放在该新工作表中；如果选择"现有工作表"选项，则可以在"位置"文本框中指定放置数据透视表的单元格区域或第一个单元格的位置。

③ 单击"确定"按钮，在新工作表中创建图 5-21 所示的数据透视表框架。

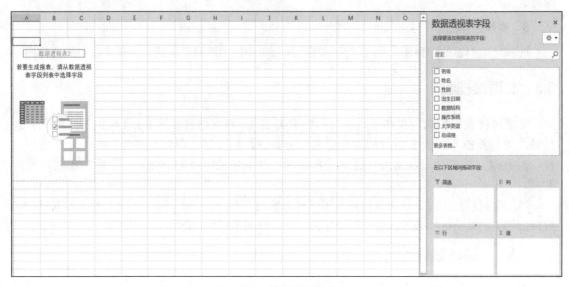

图 5-21　数据透视表框架

使用数据透视表框架右侧的"数据透视表字段"窗格设置字段布局。数据透视表的字段布局包括 4 个区域，具体如下。

- 筛选：用该区域中的字段来筛选整个报表，对应分页字段。
- 行：将该区域中的字段显示在左侧的列中，对应行字段。
- 列：将该区域中的字段显示在顶部的行中，对应列字段。
- 值：将该区域中的字段进行汇总分析，对应数据项。

分页字段、行字段、列字段完成的是类和子类的划分；数据项完成的是汇总统计，可以是求和、计数、求平均值、求最大值、求最小值等。在字段名称上单击鼠标右键，根据需要在弹出的快捷菜单中选择"添加到报表筛选""添加到列标签""添加到行标签""添加到值"命令；或者直接用鼠标将字段逐个拖曳到相应区域中，数据透视表中将立即显示分析结果。

【例题 5-1】对学生成绩表（字段有学院、班级、姓名、性别、出生日期、数据结构、操作系统、大学英语、总成绩）进行数据透视分析，按学院分页查看各个班级男生、女生总成绩的平均值。

5-1　学生成绩表透视分析

具体操作步骤如下。

① 在"学生成绩表"工作表中选择数据区域的任意一个单元格。

② 在"插入"选项卡的"表格"选项组中，单击"数据透视表"按钮，打开"来自表格或区域的数据透视表"对话框。

③ 在"来自表格或区域的数据透视表"对话框中，默认选择整个数据区域作为数据透视表的源数据区域，不用修改。

④ 选择将数据透视表放置到新工作表中。

⑤ 单击"确定"按钮，在新工作表中创建数据透视表框架。

将"学院"添加到"筛选"区域中，"班级"添加到"行"区域中，"性别"添加到"列"区域中，"总成绩"添加到"值"区域中。初步创建的数据透视表如图 5-22 所示。可以通过

B1 单元格中的下拉箭头按钮实现按学院分页显示，筛选出会计学院男生、女生平均总成绩，如图 5-23 所示。

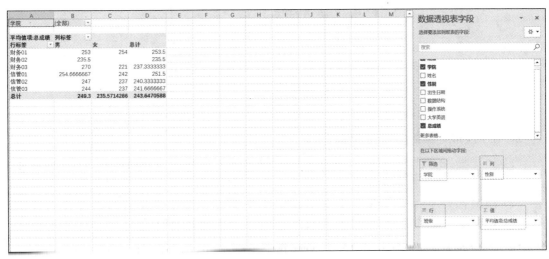

图 5-22　初步创建的数据透视表

学院	会计学院		
平均值项:总成绩	列标签		
行标签	男	女	总计
财务-01	253.00	254.00	253.50
财务-02	235.50		235.50
财务-03	270.00	221.00	237.33
总计	248.50	232.00	241.43

图 5-23　会计学院男生、女生平均总成绩

5.3.2　编辑数据透视表

创建完数据透视表后，用户可以进行改变汇总方式、在字段布局中添加或删除字段、改变数值显示方式等操作。

1. 更改数据透视表的汇总方式

默认情况下，数据透视表对数值型字段进行"求和"运算，而对非数值型字段进行"计数"运算。实际应用中可以根据需要进行其他运算，如求平均值、求最大值、求最小值等。改变汇总方式的操作步骤如下。

① 在"数据透视表字段"窗格中单击"值"区域中的字段，在弹出的下拉菜单中选择"值字段设置"命令，打开"值字段设置"对话框。

② 在"值字段设置"对话框中，选择"值汇总方式"选项卡。将"总成绩"的汇总方式改为"最大值"，如图 5-24 所示，单击"确定"按钮，数据

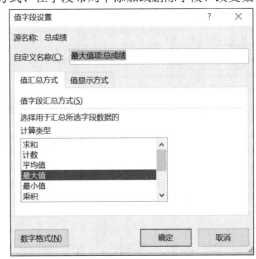

图 5-24　更改汇总方式

透视表的结果如图 5-25 所示（保留 2 位小数）。

学院	信息管理学院		
最大值项:总成绩	列标签		
行标签	男	女	总计
信管01	264.00	242.00	264.00
信管02	247.00	260.00	260.00
信管03	260.00	237.00	260.00
总计	**264.00**	**260.00**	**264.00**

图 5-25　按性别找出"总成绩"最大值的结果

2. 在字段布局中添加或删除字段

数据透视表中的数据是只读的。用户不能直接在数据透视表中添加或删除数据，只能根据需要在字段布局中添加或删除字段。

（1）添加字段

要添加字段，用户可以在"数据透视表字段"窗格中执行下列操作之一。

- 在要添加的字段名称上单击鼠标右键，根据需要在弹出的快捷菜单中选择"添加到报表筛选""添加到列标签""添加到行标签""添加到值"命令。
- 用鼠标将字段逐个拖曳到相应区域中。
- 勾选要添加字段名称前的复选框，字段将自动被放置到默认的区域中。非数值字段默认被添加到"行"区域，数值字段默认被添加到"值"区域。

（2）删除字段

要删除字段，用户可以在"数据透视表字段"窗格中执行下列操作之一。

- 取消勾选需要删除字段名称前的复选框。
- 在 4 个布局区域中，将要删除的字段拖曳到"数据透视表字段"窗格之外。
- 在 4 个布局区域中，单击字段名称，然后在下拉菜单中选择"删除字段"命令。

例如，在图 5-22 所示的数据透视表的基础上，单击"筛选"区域中的"学院"字段，选择"删除字段"，将"筛选"区域中的"学院"字段删除；单击"行"区域中的"班级"字段，选择"删除字段"，将"行"区域中的"班级"字段删除；将"学院"字段添加到"行"区域，结果如图 5-26 所示。

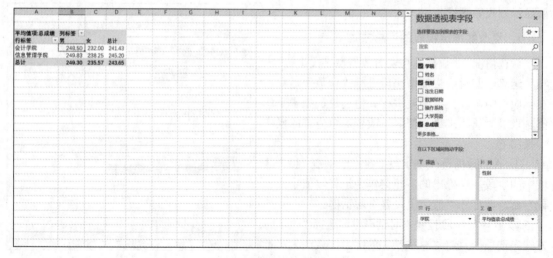

图 5-26　删除并添加字段

3. 删除行总计或列总计

当不需要显示行总计或列总计的信息时，可以执行下列操作之一。

- 在数据透视表中的"总计"上单击鼠标右键，在弹出的快捷菜单中选择"删除总计"命令，如图 5-27 所示。

图 5-27　删除总计

- 在数据透视表中的任意一个单元格上单击鼠标右键，在弹出的快捷菜单中选择"数据透视表选项"命令，打开"数据透视表选项"对话框，在对话框的"汇总和筛选"选项卡中，取消勾选"显示行总计"和"显示列总计"两个复选框，单击"确定"按钮，如图 5-28 所示。

图 5-28　取消勾选复选框

4．改变数值显示方式

默认情况下，数据透视表都是按照普通方式，即"无计算"方式显示数值项的。为了更清晰地分析数据间的相关性，可以指定数值以特殊的方式显示，如以"差异""百分比""差异百分比"等方式显示。例如，对图 5-29 所示的数据透视表，需要统计出各班级男生、女生占比，可以在数据透视表的任意单元格上单击鼠标右键，在弹出的快捷菜单中选择"值显示方式"子菜单中的"行汇总的百分比"命令，如图 5-30 所示，得到图 5-31 所示的结果。

学院	(全部)		
计数项:总成绩	列标签		
行标签	男	女	总计
财务01	1.00	1.00	2.00
财务02	2.00		2.00
财务03	1.00	2.00	3.00
信管01	3.00	1.00	4.00
信管02	1.00	2.00	3.00
信管03	2.00	1.00	3.00
总计	10.00	7.00	17.00

图 5-29　数据透视表

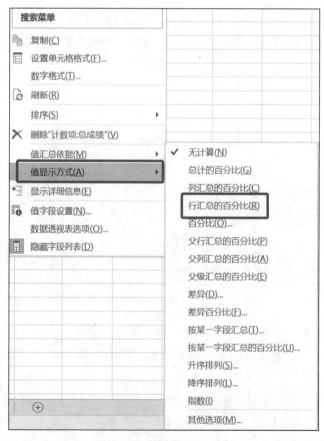

图 5-30　设置值显示方式

学院	(全部)		
计数项:总成绩	列标签		
行标签	男	女	总计
财务01	50.00%	50.00%	100.00%
财务02	100.00%	0.00%	100.00%
财务03	33.33%	66.67%	100.00%
信管01	75.00%	25.00%	100.00%
信管02	33.33%	66.67%	100.00%
信管03	66.67%	33.33%	100.00%
总计	58.82%	41.18%	100.00%

图 5-31　更改数值显示方式的透视分析结果

也可以在"数据透视表字段"窗格中单击"值"区域中的字段，在弹出的菜单中选择"值字段设置"命令，打开"值字段设置"对话框。

在"值字段设置"对话框中，选择"值显示方式"选项卡，将"值显示方式"设置为"行汇总的百分比"，如图 5-32 所示，即可按行计算汇总数据的百分比。

图 5-32　在"值字段设置"对话框中设置值显示方式

5. 显示明细数据

默认情况下，数据透视表中显示的是经过分类汇总后的汇总数据。如果用户需要了解其中某个汇总项的具体数据，可以让数据透视表显示该汇总项的明细数据。要显示明细数据可以执行下列操作之一。

- 在数据透视表中要查看明细数据的单元格上单击鼠标右键，在弹出的快捷菜单中选择"显示详细信息"命令，系统会自动创建一个新工作表，显示该汇总项的明细数据。
- 在数据透视表中要查看明细数据的单元格上双击，系统会自动创建一个新工作表，显示该汇总项的明细数据。

例如，在图 5-33 中"信管 01"班男生的平均分汇总单元格（即 B8 单元格）上双击，可以查看明细数据，如图 5-34 所示。

	A	B	C	D
1	学院	(全部)		
2				
3	平均值项:总成绩	列标签		
4	行标签	男	女	总计
5	财务01	253.00	254.00	253.50
6	财务02	235.50		235.50
7	财务03	270.00	221.00	237.33
8	信管01	254.67	242.00	251.50
9	信管02	247.00	237.00	240.33
10	信管03	244.00	237.00	241.67
11	总计	249.30	235.57	243.65

图 5-33　各个班级男生、女生平均总成绩透视分析结果

班级	学院	姓名	性别	出生日期	数据结构	操作系统	大学英语	总成绩
信管01	信息管理学	赵凯	男	8/5/2003	76	91	97	264
信管01	信息管理学	章乐	男	23/12/2002	76	93	93	262
信管01	信息管理学	熊建国	男	12/9/2003	90	70	78	238

图 5-34　信管 01 班男生明细数据

6. 数据透视表的清除和删除

数据透视表的清除和删除是不同的操作，如果混淆了二者，容易出现误将辛苦做出的数据透视表删除或者无法删除已生成的数据透视表的情况。

清除数据透视表是指删除所有"筛选""行""列""值"区域的设置，但是数据透视表并没有被删除，只是需要重新设计布局，操作步骤如下。

① 单击数据透视表中的任意一个单元格。

② 在"数据透视表分析"选项卡的"操作"选项组中，单击"清除"按钮，然后选择"全部清除"命令。

删除数据透视表是指删除不再使用的数据透视表，操作步骤如下。

单击数据透视表中的任意一个单元格，在"数据透视表分析"选项卡的"操作"选项组中，单击"选择"按钮，然后选择"整个数据透视表"命令，按 Delete 键删除。

5.3.3　更新数据透视表

如果数据透视表的源数据被更改了，即用于分析的原始数据发生了变化，数据透视表中的汇总数据不会同步更新，这时，用户可以通过刷新来更新数据透视表，使数据透视表重新对源数据进行汇总计算。

操作步骤为：单击数据透视表中的任意一个单元格，在"数据透视表分析"选项卡的"数据"选项组中，单击"刷新"按钮，然后选择"刷新"或"全部刷新"命令来重新汇总数据。

5.3.4　筛选数据透视表

用户通过筛选可以实现在数据透视表中显示想要显示的数据，并隐藏不想显示的数据。在数据透视表中，可以按标签筛选、按值筛选或者按选定内容筛选。

（1）按标签筛选

在数据透视表中，单击列标签或行标签右侧的下拉箭头按钮，在下拉列表中选择"标签筛选"，

然后根据实际需要设置筛选条件即可。筛选条件可以是等于、不等于、开头是、……、不介于等，如图 5-35 所示。

图 5-35　标签筛选条件

（2）按值筛选

在数据透视表中，单击列标签或行标签右侧的下拉箭头按钮，在下拉列表中选择"值筛选"，然后根据实际需要设置筛选条件即可。筛选条件可以是等于、不等于、大于、……、前 10 项等，如图 5-36 所示。

图 5-36　值筛选条件

（3）按选定内容筛选

在数据透视表中，在行标签或列标签上单击鼠标右键，在弹出的快捷菜单中选择"筛选"子菜单中的"仅保留所选项目"或"隐藏所选项目"命令，如图 5-37 所示。

图 5-37　选定内容筛选条件

（4）删除筛选

要删除数据透视表中的所有筛选，操作步骤为：单击数据透视表中的任意一个单元格，在"数据透视表分析"选项卡的"操作"选项组中，单击"清除"按钮，然后选择"清除筛选器"命令，如图 5-38 所示。

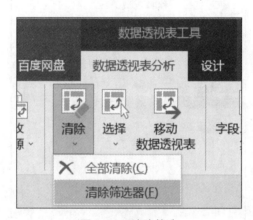

图 5-38　清除筛选

5.4　数据透视图

图表是展示数据最直观、最有效的手段。数据透视图通常有一个与之相关联的数据透视表。

数据透视图以图形的形式表示数据透视表中的数据。

创建数据透视图的方法有两种：通过数据透视表创建和通过数据区域创建。

5.4.1　创建数据透视图

1. 通过数据透视表创建

如果已经创建了数据透视表，用户可以利用数据透视表直接创建数据透视图，操作步骤如下。

① 单击数据透视表中的任意一个单元格。

② 在"插入"选项卡的"图表"选项组中，单击"数据透视图"按钮，选择"数据透视图"命令，打开"插入图表"对话框。

③ 在"插入图表"对话框中根据实际需要选择一种图表类型，单击"确定"按钮，即可得到数据透视图。该数据透视图的布局（即数据透视图字段的位置）由数据透视表的布局决定。

【例题 5-2】在图 5-33 所示的数据透视表的基础上，创建相应的数据透视图（三维簇状柱形图），按学院分页查看各个班级男生、女生成绩的平均值情况。

操作步骤如下。

① 单击数据透视表中的任意一个单元格。

② 在"插入"选项卡的"图表"选项组中，单击"数据透视图"按钮，选择"数据透视图"命令，打开"插入图表"对话框。

③ 在"插入图表"对话框中选择"三维簇状柱形图"。

④ 单击"确定"按钮，即可得到数据透视图，如图 5-39 所示。

5-2　学生成绩表透视图

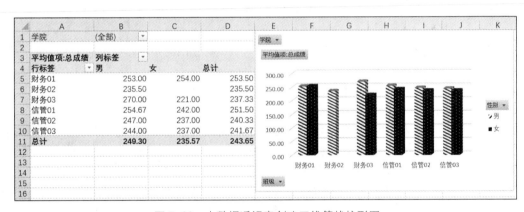

图 5-39　由数据透视表创建三维簇状柱形图

2. 通过数据区域创建

Excel 要求创建数据透视图的源数据区域必须没有空行和空列，而且每列都有列标题。

通过数据区域创建数据透视图的操作步骤如下。

① 在工作表中选择数据区域的任意一个单元格。

② 在"插入"选项卡的"图表"选项组中，单击"数据透视图"按钮，选择"数据透视图"命令，打开"创建数据透视图"对话框。

③ 在"创建数据透视图"对话框中，一般系统会自动选定整个数据区域作为数据透视图的源

数据区域，如果要透视分析的数据区域与此有出入，可以在"表/区域"文本框内进行修改。

④ 选择放置数据透视图的位置，有"新工作表"和"现有工作表"两个选项，默认选择"新工作表"选项。如果选择"新工作表"选项，则系统会自动创建一个新的工作表，并将数据透视图放在该新工作表中。如果选择"现有工作表"选项，则可以在"位置"文本框中指定放置与该数据透视图相关联的数据透视表的单元格区域或第一个单元格的位置。

⑤ 单击"确定"按钮，新工作表中立即插入一个数据透视图和相关联的数据透视表，并出现"数据透视图字段"窗格，如图 5-40 所示。

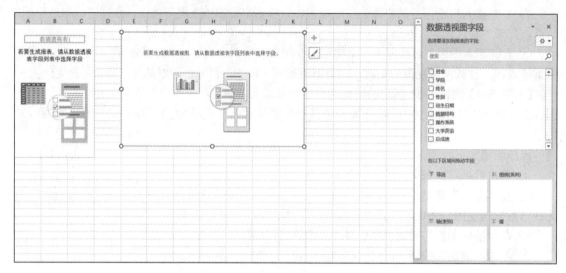

图 5-40 新工作表

使用"数据透视图字段"窗格来设置字段布局。数据透视图的字段布局包括 4 个区域，具体如下。

- 筛选：用该区域中的字段来筛选整个图表，对应分页字段。
- 轴（类别）：将该区域中的字段作为横坐标，对应数据透视表的"行"。
- 图例（系列）：将该区域中的字段作为纵坐标，对应数据透视表的"列"。
- 值：对该区域中的字段进行汇总分析并在图中显示，对应数据透视表的"值"。

根据需要直接将字段逐个拖曳到相应区域中，数据透视图中将立即显示结果。

【例题 5-3】对学生成绩表（字段有学院、班级、姓名、性别、出生日期、数据结构、操作系统、大学英语、总成绩）创建数据透视图，按学院分页查看各个班级男生、女生人数。

操作步骤如下。

① 在学生成绩表中选择数据区域的任意一个单元格。

② 在"插入"选项卡的"图表"选项组中，单击"数据透视图"按钮，选择"数据透视图"命令，打开"创建数据透视图"对话框。

③ 在"创建数据透视图"对话框中，默认选定整个数据区域作为数据透视图的源数据区域，不用修改。

④ 选择将数据透视图放置到新工作表中。

⑤ 单击"确定"按钮，新工作表中立即插入一个数据透视图，并出现"数据透视图字段"窗格。

⑥ 将"学院"字段添加到"筛选"区域中,"班级"字段添加到"轴(类别)"区域中,"性别"字段添加到"图例(系列)"区域中,"姓名"字段添加到"值"区域中,初步创建的数据透视图如图 5-41 所示。

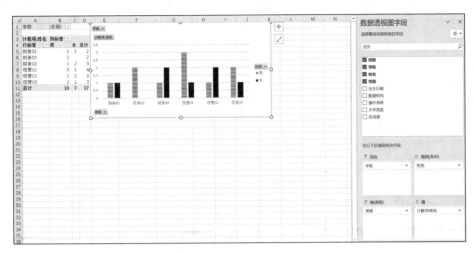

图 5-41　数据透视图

通过 B1 单元格的下拉箭头按钮实现按学院分页显示,筛选出"信息管理学院"各班级的男生、女生人数,如图 5-42 所示。

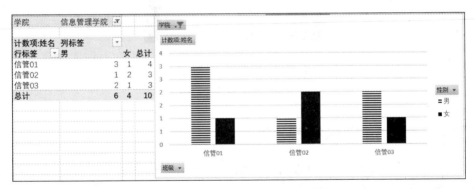

图 5-42　按学院筛选的数据透视图结果

5.4.2　删除数据透视图

用户需要及时删除不再使用的数据透视图,操作步骤为:选中数据透视图,按 Delete 键删除。

5.4.3　修改数据透视图

在 Excel 中创建数据透视图后,选中该数据透视图,将出现"分析""设计""格式"3 个关联选项卡。用户可以像处理普通 Excel 图表一样处理数据透视图,包括改变图表类型、设置图表格式等,而且如果在数据透视图中改变了字段布局,与之关联的数据透视表也会同时发生改变。

和普通图表相比,数据透视图存在部分限制,包括不能使用散点图、股价图和气泡图等图表类型,也无法直接调整数据标签、图表标题和坐标轴标题等。

Excel 提供了一个数据透视图修改工具，那就是切片器。切片器可以帮助用户轻松地对 Excel 表格中的数据进行筛选和分析。切片器可以快速地对数据进行过滤，使用户可以快速地获取所需的数据，同时也可以方便地查看数据的变化趋势。

切片器是一种交互式的工具，它可以为 Excel 表格中的数据提供一个可视化的界面，用户可以通过单击切片器上的不同选项来筛选数据。切片器可以应用于各种类型的数据，包括数字、文本、日期等。在 Excel 中，用户可以使用切片器来筛选和分析数据透视表和数据透视图。

【例题 5-4】 利用切片器，在图 5-42 所示的数据透视图中按学院分页查看各个班级男生、女生人数。

5-3　切片器

操作步骤如下。

① 选择数据透视图。

② 在"数据透视图分析"选项卡的"筛选"选项组中，单击"插入切片器"按钮，打开"插入切片器"对话框。

③ 在"插入切片器"对话框中，选定"学院"字段。

④ 单击"确定"按钮，在工作表中插入一个切片器，此时可以直观地查看"学院"字段的所有数据项信息。单击某个学院，即可看到筛选结果。图 5-43 所示为单击"会计学院"后的筛选结果。

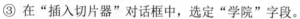
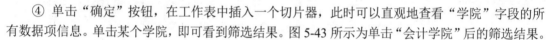

图 5-43　切片器的使用实际

5.5　应用实例——销售业绩透视分析

本节将通过建立某公司全国各城市销售数据和各类产品销售数据的数据透视图来介绍数据透视分析的具体操作。现有某公司的销售数据表（部分数据如图 5-44 所示），请利用数据透视分析，实现以下操作目标。

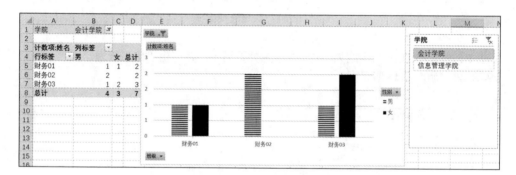

图 5-44　数据样例

1．按年分析业绩最好的 10 个城市

利用数据透视表可以快速分析出业绩最好的 10 个城市，具体操作步骤如下。

① 插入数据透视表。

② 将"到货日期"字段拖到"列"区域中。

③ 选中其中一个日期数据，单击鼠标右键，在弹出的快捷菜单中选择"组合"命令（见图 5-45），打开"组合"对话框。将"季度"和"年"都选中，如图 5-46 所示，即可按年和季度查看汇总数据。

图 5-45 组合

图 5-46 "组合"对话框

④ 将"城市"字段拖动至"行"区域中，将"总价"字段拖动至"值"区域中，并且对总价进行求和汇总计算，如图 5-47 所示。

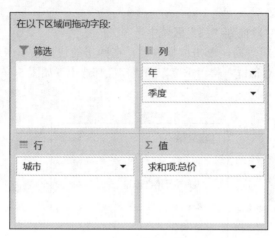

图 5-47　字段设置

⑤ 选中生成的数据透视表中的任意一个单元格，单击鼠标右键，在弹出的快捷菜单中选择"排序"子菜单中的"降序"命令，即可得到所有城市的销售情况排名。在"开始"选项卡中单击"条件格式"按钮，选择其中的数据条填充，即可得到图 5-48 所示的结果。可以看出，在 2020年，业绩最好的 10 个城市依次是天津、深圳、南京、大连、常州、重庆、温州、秦皇岛、石家庄和南昌。

求和项:总价	列标签 ▼			
	⊞2020年	⊞2021年	⊞2022年	总计
行标签 ↓↑				
天津	52920.84	158886.5	130170	341977.34
深圳	24385.82	96223.02	89644.64	210253.48
南京	16183.59	62190.9	39502.85	117877.34
大连	15227.88	34837.88	2319.3	52385.06
常州	11800.28	20610.38	21243.4	53654.06
重庆	11011.39	93316.63	82859.35	187187.37
温州	10475.78	19383.75	21238.27	51097.8
秦皇岛	8643.1	17700.54	12955.55	39299.19
石家庄	4814.96	27152.13	9872.14	41839.23
南昌	2997.4	4344.02	25499.95	32841.37
西安	1883.2	2928.4	6382.05	11193.65
青岛	1863.4	7301.34	5349.47	14514.21
张家口	1402.92	6758.62	11491.11	19652.65
北京	945.52	30428.82	19515.41	50889.75
海口	783.2	7626.28	15191.3	23600.78
上海		7286.29	1127.85	8414.14
成都		1393.24	554	1947.24
厦门		2538.35	4680.57	7218.92
总计	165339.28	600907.09	499597.21	1265843.58

图 5-48　按年查看业绩最好的 10 个城市

2．分析 2021 年第二季度最好卖的 10 种产品

利用先前建立的数据透视表可以快速完成分析任务，具体操作步骤如下。

① 将日期字段拖动到"筛选"区域中，即可出现时间的年度、季度汇总值，选择 2021 年第二季度，如图 5-49 所示。

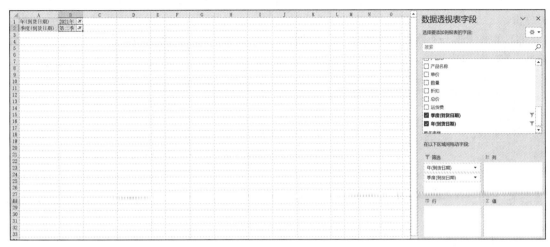

图 5-49　设置 2021 年第二季度筛选器

② 将"产品名称"字段拖动至"行"区域中。

③ 将"总价"字段拖动至"值"区域中，并且对总价进行求和汇总计算，可以得出 2021 年各种产品的销售总价。

④ 单击任意一个单元格，对数据进行降序排列，其中前 10 名的就是 2021 年第二季度最好卖的 10 种产品，如图 5-50 所示。另外，也可以用条件格式选出其中前 10 项总价最高的产品。可以看出，2021 年第二季度最好卖的 10 种产品依次是绿茶、白米、光明奶酪、鸭肉、花奶酪、猪肉干、牛肉干、柳橙汁、桂花糕和烤肉酱。

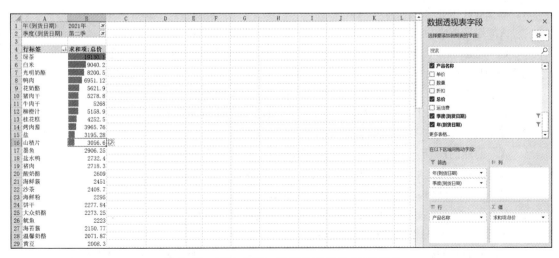

图 5-50　2021 年第二季度最好卖的 10 种产品

3．分析 2021 年购买力最强的 3 家公司

具体操作步骤如下。

① 将"年（到货日期）"字段保留在"筛选"区域中，并选择其中的 2021 年。

② 将"客户公司名称"字段拖动到"行"区域中。

③ 将"总价"字段拖动到"值"区域中，并对其进行求和汇总，可以得出 2021 年客户的购买总价。

④ 单击任意一个单元格对数据进行降序排列，可以找到购买力最强的 3 家公司，分别是大钰贸易、高上补习班和正人资源，结果如图 5-51 所示。

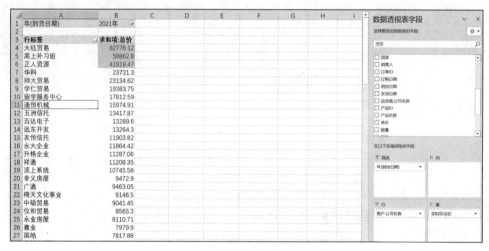

图 5-51　2021 年购买力最强的 3 家公司

本章习题

一、单选题

1．在 Excel 中建立图表时，通常（　　）。

    A．建完图表后，再输入数据　　　　B．先输入数据，再建立图表

    C．先建立一个图表标签　　　　　　D．在输入数据的同时建立图表

2．Excel 中的图表形式有（　　）。

    A．嵌入式图表和独立图表　　　　　B．级联式的图表

    C．插入式图表和级联式图表　　　　D．数据源图表

3．在 Excel 中，有关图表的操作，下面表述正确的是（　　）。

    A．创建的图表只能放在含有用于创建图表数据的工作表之中

    B．创建图表之后，不能改变其类型，如柱形图不能改为条形图

    C．修改数据后，相应的图表中的数据也随之变化

    D．不允许在已建好的图表中添加数据，若要添加只能重新建立图表

4．删除工作表中与图表链接的数据时，（　　）。

    A．图表将被删除　　　　　　　　　B．必须用编辑器删除相应的数据点

    C．图表不会发生变化　　　　　　　D．图表将自动删除相应的数据点

5. 在 Excel 中，对于已经建立的图表，下列说法中正确的是（　　　）。

　　A．工作表中的数据源发生变化，图表相应更新

　　B．工作表中的数据源发生变化，图表不更新，只能重新创建

　　C．不可以改变图表中的字体大小、背景颜色等

　　D．不可以再增加数据项

6. 在 Excel 的数据透视表中不能进行的操作是（　　　）。

　　A．编辑　　　　　　B．筛选　　　　　　C．刷新　　　　　　D．排序

7. 在 Excel 的数据透视表中，不能设置筛选条件的是（　　　）。

　　A．筛选器字段　　B．列字段　　　　　C．行字段　　　　D．值字段

8. 在 Excel 的数据透视表中，默认的字段汇总方式是（　　　）。

　　A．平均值　　　　B．最小值　　　　　C．求和　　　　　D．最大值

9. 在 Excel 中，创建数据透视表的目的在于（　　　）。

　　A．制作包含图表的工作表

　　B．备份工作表

　　C．制作包含数据清单的工作表

　　D．从不同角度分析工作表中的数据

10. 在创建数据透视表时，对源数据的要求是（　　　）。

　　A．在同一列中，既可以是文本也可以是数字

　　B．可以没有列标题

　　C．在数据表中无空行和空列

　　D．在数据表中可以有空行，但不能有空列

二、判断题

1. 在 Excel 中，数据透视表可用于对数据表进行数据的汇总和分析。（　　　）

2. 在 Excel 中，变更源数据后，数据透视表的内容也会随之更新。（　　　）

3. 在 Excel 中，为数据透视图提供源数据的是相关联的数据透视表。（　　　）

4. 在 Excel 中，在相关联的数据透视表中对字段布局和数据所做的修改，会立即反映在数据透视图中。（　　　）

5. 在 Excel 中，数据透视图及其相关联的数据透视表可以不在同一个工作簿中。（　　　）

本章实训

请对全球碳排放的情况进行数据可视化分析，需要进行如下分析。

（1）从全球实时碳数据官网中获得最新的全球实时碳排放数据。

（2）分析各个地区、各个行业碳排放数据的总和。

（3）对每个国家/地区的二氧化碳排放数据进行分类汇总。

（4）利用数据透视图对汇总结果进行可视化分析。

第二篇　基于 Excel 的数据分析综合应用篇

第 6 章　员工工资统计分析

员工工资统计分析可以从多个角度进行。例如，按照不同岗位或职位对员工工资进行汇总和比较，了解不同岗位或职位的薪酬水平以及是否存在薪酬差异；按照不同部门对员工工资进行汇总和比较，了解不同部门的薪酬水平以及是否存在薪酬差异；按照员工入职时间或工作年限对员工工资进行汇总和比较，了解工作年限与薪酬之间的关系；按照员工性别对员工工资进行汇总和比较，了解男女员工的薪酬差异情况。还可以根据具体情况对员工工资进行更加细致的分析，在进行统计分析时，使用 Excel 提供的基本函数可以对数据进行处理与分析。

本章学习目标

1．熟练掌握 Excel 的基本操作。

2．综合练习第一篇所学知识和操作技能。

3．利用 Excel 制作员工工资管理系统。

4．掌握日期函数 NETWORKDAYS、YEAR、TODAY 等的使用方法，综合应用 IF、SUM、COUNTIF、ROW、COLUMN、LOOKUP、VLOOKUP 或 INDEX 等函数，熟练掌握智能填充功能的使用方法。

5．掌握员工工资管理系统涉及的数据处理，尤其是基于函数的数据处理。

6.1　员工工资管理系统简介

算工资、发工资是最常见的企业信息化需求，工资的管理各个企业都需要。员工工资管理系统中有各企业通用的部分，如社保、公积金、个税的计算等，也有个性化的内容，因为每个企业的工资项目可能是不一样的，考勤制度也不相同。本章提供了一个简单版的员工工资管理系统，其中包括的功能为员工基本工资计算模块、考勤管理模块、加班统计模块、奖惩记录模块，也提供集合社保、公积金、个税等的计算的工资统计模块。一般情况下，企业日常做考勤，月底准备好计算工资需要的数据，根据各个模块提供的数据，最终统计这个月的应发工资、应扣工资和实发工资等。

6.2　员工工资统计分析

本节主要从工龄工资计算、奖惩记录统计、加班工资统计、考勤扣款统计和工资统计进行员工工资统计分析，并根据分析结果制作员工工资条。

6.2.1　工龄工资计算

员工基本工资记录表如图 6-1 所示，其中的工龄和工龄工资是需要计算的。工龄用当前的年份减去入公司日期所对应的年份即可获得。工龄工资的计算方法为：工龄小于等于 2 年不计算工龄工资，工龄大于 2 年按每年 120 元递增。

操作步骤如下。

① 在 G3 单元格中输入 "=2022-YEAR(F3)"，即可算出员工 JC_0001 胡世强的工龄。下面的单元格复制 G3 单元格即可。

② 在 J3 单元格中输入 "=IF(G3<=2,0,(G3-2)*120)"，按 Enter 键，即可算出胡世强的工龄工资。拖动填充柄向下填充公式。

	A	B	C	D	E	F	G	H	I	J
1		江财科技公司员工基本工资记录表								
2		编号	姓名	所属部门	职位	入公司日期	工龄/年	基本工资/元	岗位工资/元	工龄工资/元
3		JC_0001	胡世强	财务部	总经理	28/5/2009		9320	4820	
4		JC_0002	夏龙	后勤部	业务员	8/10/2020		1320	1820	
5		JC_0003	万小嘉	后勤部	职员	19/7/2016		1820	2020	
6		JC_0004	周莉	销售部	经理	10/11/2013		5320	3320	
7		JC_0005	邓华	策划部	工程师	1/1/2012		6020	3820	
8		JC_0006	张蕾	研发部	业务员	14/8/2020		1320	1820	
9		JC_0007	周双磊	财务部	总监	16/3/2015		4820	2820	
10		JC_0008	胡志文	策划部	工程师	21/4/2012		6020	4020	
11		JC_0009	贾冬梅	人力部	经理	16/5/2010		7020	2820	
12		JC_0010	程红霞	信息部	职员	11/3/2017		2120	2020	
13		JC_0011	程思成	财务部	业务员	13/11/2020		1320	1820	
14		JC_0012	张文静	销售部	经理	10/12/2010		6320	2820	
15		JC_0013	李爽	人力部	经理	17/6/2014		5620	2420	
16		JC_0014	张慧敏	销售部	工程师	1/12/2014		5620	2320	
17		JC_0015	黄伟	研发部	职员	11/11/2019		1820	2020	
18		JC_0016	王宇	销售部	业务员	12/8/2018		1420	1820	

图 6-1　员工基本工资记录表

6.2.2　奖惩记录统计

奖惩记录主要涉及奖励和惩罚两个部分。奖励有两类来源，一类是员工的销售提成，另一类是其他奖励（如业绩突出）；惩罚来自工作差错或者未完成任务。其中销售部提成的计算规则为：销售业绩小于等于 30000 元，提成比例为 2%；销售业绩在 30000 元到 50000 元（包含 50000 元）之间，提成比例为 4%；销售业绩在 50000 元以上，提成比例为 6%。具体操作如下。

在 H4 单元格中输入公式 "=IF(E4="","",IF(E4<=30000,E4*0.02,IF(E4<=50000,E4*0.04,E4*0.06)))"；也可以输入公式 "=IF(E4="","",IF(E4>=50000,E4*0.06,IF(E4>=30000,E4*0.04,E4*0.02)))"；还可以直接输入 "=IF(E4>=50000,E4*0.06,IF(E4>=30000,E4*0.04,E4*0.02))"，即不对空白单元格做处理。

拖曳填充柄向下填充公式。奖惩记录操作结果如图 6-2 所示。

编号	姓名	所属部门	奖励或扣款说明			提成/元	奖金/元	提成或奖金额/元	扣款金额/元
			销售业绩	奖励说明	扣款说明				
JC_0001	胡世强	财务部				0		0	
JC_0002	夏龙	后勤部	25000	销售提成		500		500	
JC_0003	万小磊	后勤部		业绩突出		0	250	250	
JC_0004	周莉	销售部				0		0	
JC_0005	邓华	策划部			未完成任务	0		0	500
JC_0006	张蕾	研发部	65000	销售提成	工作差错	3900		3900	200
JC_0007	周双磊	财务部		业绩突出		0	600	600	
JC_0008	胡志文	策划部				0		0	
JC_0009	贾冬梅	人力部	52000	销售提成	工作差错	3120		3120	200
JC_0010	程红霞	信息部				0		0	
JC_0011	程思成	财务部	75000	销售提成		4500		4500	
JC_0012	张文静	销售部		业绩突出		0	400	400	
JC_0013	李爽	人力部				0		0	
JC_0014	张慧敏	销售部			未完成任务	0		0	100
JC_0015	黄伟	研发部	49000	销售提成		1960	700	2660	
JC_0016	王宇	销售部				0		0	

表格标题：江财科技公司员工业绩提成/奖金/罚款记录表

图 6-2　奖惩记录表

6-1　奖惩记录统计

6.2.3　加班工资统计

加班工资有两种来源，一种是按工作日加班时长（小时）计算，另一种是按节假日加班时长（天）计算。此公司规定，节假日加班按当月日工资的 2 倍计算。

操作步骤如下。

① 打开加班工资统计表，单击 C2 单元格，输入公式 "=NETWORKDAYS(考勤记录表!$E$3,考勤记录表!$AI$3)"，确认后，即可计算出当月的工作天数。

（提示：考勤记录表已经放在工资统计表中。）

② 单击 E5 单元格，输入公式 "=SUM(加班记录表!E5:AI5)"，即可计算出胡世强当月工作日的加班时长。拖曳填充柄向下填充公式。

③ 单击 F5 单元格，输入公式 "=E5*50"，50（元）是工作日每小时的加班工资。拖曳填充柄向下填充公式。

④ 单击 G5 单元格，输入公式 "=COUNTIF(加班记录表!E5:AI5,"加班")"，即可计算出胡世强当月节假日加班天数。拖曳填充柄向下填充公式。

⑤ 单击 H5 单元格，输入公式 "=ROUND((基本工资表!H3+基本工资表!I3)/$C$2*2*G5,2)"，也可以直接用公式 "=(基本工资表!H3+基本工资表!I3)/$C$2*2*G5"（直接计算出结果），计算出胡世强当月节假日加班的工资。拖曳填充柄向下填充公式。

（提示：节假日工资是当天基本工资与岗位工资之和的 2 倍。）

⑥ 单击 I5 单元格，输入公式 "=F5+H5"，即可计算出胡世强当月加班的工资总额。拖曳填充柄向下填充公式，结果如图 6-3 所示。

6.2.4　考勤扣款统计

如图 6-4 所示，考勤记录表中给出了员工考勤记录，各员工有"病假""事假""旷工""年假""孕假""婚假"等请假记录，也有"迟到 1""迟到 2""迟到 3"等迟到记录。其中，请假制度为：

病假扣款 100 元/天，事假扣款 200 元/天，旷工扣款 200 元/天，其他假别不扣款。迟到管理制度为：“迟到 1”扣款 10 元；“迟到 2”扣款 30 元；“迟到 3”算旷工半天，扣款 100 元。

图 6-3　加班工资统计表

图 6-4　考勤记录表

在考勤扣款统计表中的 E7 单元格输入公式“=COUNTIF(考勤记录表!E5:AI5,"病假")”，可以将考勤记录表中的 JC_0001 编号的员工的请病假情况统计出来。

为了便于后续各种请假和迟到情况的统计，修改公式为“=COUNTIF(考勤记录表!$E5:$AI5, E$6)”，E$6 指的就是“病假”。接着，可以直接用填充柄向下填充公式，计算出所有员工的请病假情况，也可以用填充柄向右填充公式，计算出所有员工的其他请假和迟到情况。

在 N7 单元格输入公式“=E7*100+F7*200+G7*200”，计算出某一个员工的请假扣款总额。

在 O7 单元格输入公式“=K7*10+L7*30+M7*100”，计算出某一个员工的迟到扣款总额。

在 P7 单元格输入公式 "=IF(AND(N7=0,O7=0),500,0)"，计算出全勤奖。该公式也可以替换为 "=IF(SUM(E7:G7,K7:M7)=0,500,0)" 或 "=IF(SUM(N7:O7)=0,500,0)"。员工的考勤扣款统计结果如图 6-5 所示。

编号	姓名	所属部门	病假	事假	旷工	年假	婚假	孕假	迟到1	迟到2	迟到3	请假扣款	迟到扣款	全勤奖金
JC_0001	胡世强	财务部	0	3	0	1	0	0	1	0	0	600	10	0
JC_0002	夏龙	后勤部	0	2	0	0	3	0	0	0	0	400	0	0
JC_0003	万小嘉	后勤部	0	0	1	1	0	1	1	0	0	200	10	0
JC_0004	周莉	销售部	0	1	0	0	0	0	0	0	0	200	0	0
JC_0005	邓华	策划部	7	0	0	0	0	0	1	1	0	700	40	0
JC_0006	张蕾	研发部	0	1	0	0	0	0	1	0	0	200	10	0
JC_0007	周双磊	财务部	0	1	0	5	0	0	0	1	0	200	30	0
JC_0008	胡志文	策划部	1	1	0	4	0	0	0	0	0	300	0	0
JC_0009	贾冬梅	人力部	0	0	0	0	0	0	1	0	0	0	10	0
JC_0010	程红霞	信息部	1	1	0	0	0	0	1	0	0	300	10	0
JC_0011	程思成	财务部	0	2	0	0	0	0	1	0	1	400	110	0
JC_0012	张文静	销售部	0	2	0	0	0	0	0	0	0	400	0	0
JC_0013	李爽	人力部	0	0	0	0	0	0	1	0	0	100	0	0
JC_0014	张慧敏	销售部	0	0	0	0	0	0	0	1	1	0	130	0
JC_0015	黄伟	研发部	2	1	0	0	0	0	0	0	0	400	0	0
JC_0016	王宇	销售部	0	2	0	0	0	0	0	0	0	400	0	0

江财科技公司8月份员工考勤统计表
工作日数：23
扣款制度：病假扣款为100元/天，事假扣款为200元/天，旷工扣款为200元/天，其他假别不扣款。"迟到1"扣10元，"迟到2"扣30元，"迟到3"扣100元
奖励制度：全勤奖为500元/月。

6-2 考勤扣款统计

图 6-5 考勤扣款统计表

6.2.5 工资统计

一个员工的工资由以下各项构成。

基本工资、岗位工资、工龄工资、提成或奖金、加班工资、全勤奖金、福利补贴等项构成员工的应发工资，请假扣款、迟到扣款、保险公积金扣款、个人所得税等构成应扣合计，实发工资则为应发工资减去应扣合计。员工工资统计表如图 6-6 所示。

江财科技公司2022年8月工资统计表

编号	姓名	所属部门	基本工资	岗位工资	工龄工资	提成或奖金	加班工资	全勤奖金	福利补贴	应发工资	请假扣款	迟到扣款	保险公积金扣	个人所得税	业绩扣款	应扣合计	实发工资
JC_0001	胡世强	财务部	9320	4820	1320	0	1504.57	0	300	17264.57	600	10	3401.20	1126.46	0	5137.66	12126.91
JC_0002	夏龙	后勤部	1320	1820	0	500	546.09	0	500	4686.09	400	0	690.80	0.00	0	1090.80	3595.29
JC_0003	万小嘉	后勤部	1820	2020	480	250	767.83	0	500	5837.83	200	10	950.40	0.00	0	1160.40	4677.43
JC_0004	周莉	销售部	5320	3320	840	0	2553.91	0	600	12633.91	200	0	2085.60	663.39	0	2948.99	9684.92
JC_0005	邓华	策划部	6020	3820	960	0	1005.65	0	300	12105.65	700	40	2376.00	610.57	500	4226.57	7879.09
JC_0006	张蕾	研发部	1320	1820	0	3900	696.09	0	300	8036.09	200	10	690.80	203.61	200	1304.41	6731.68
JC_0007	周双磊	财务部	4820	2820	600	600	1528.70	0	300	10668.70	200	30	1812.80	466.87	0	2509.67	8159.03
JC_0008	胡志文	策划部	6020	4020	960	0	1846.09	0	300	13146.09	300	0	2420.00	714.61	0	3434.61	9711.48
JC_0009	贾冬梅	人力部	7020	2820	1200	3120	1080.65	0	300	15540.65	0	10	2428.80	954.07	200	3592.87	11947.79
JC_0010	程红霞	信息部	2120	2020	360	0	870.00	0	300	5670.00	300	10	990.00	0	0	1300.00	4370.00
JC_0011	程思成	财务部	1320	1820	0	4500	423.04	0	300	8363.04	400	110	690.80	236.30	0	1437.10	6925.94
JC_0012	张文静	销售部	6320	2820	1200	400	1044.78	0	600	12384.78	400	0	2274.80	638.48	0	3313.28	9071.50
JC_0013	李爽	人力部	5620	2420	720	0	1573.26	0	300	10633.26	100	0	1927.20	463.37	0	2490.53	8142.73
JC_0014	张慧敏	销售部	5620	2320	720	0	990.43	0	600	10250.43	0	130	1905.20	425.04	100	2560.24	7690.19
JC_0015	黄伟	研发部	1820	2020	120	2660	1485.65	0	300	8405.65	400	0	871.20	240.57	0	1511.77	6893.89
JC_0016	王宇	销售部	1420	1820	240	0	713.48	0	600	4793.48	400	0	765.60	0.00	0	1165.60	3627.88

6-3 工资统计

图 6-6 员工工资统计表

单击员工工资统计表。

第一步，将基本工资、岗位工资、工龄工资从基本工资表中导入。具体操作如下。

① 单击 E4 单元格，输入公式 "=VLOOKUP(B4,基本工资表!$B$3:$J$18,7)"。拖曳填充柄向下填充公式。

② 单击 F4 单元格，输入公式 "=VLOOKUP(B4,基本工资表!$B$3:$J$18,8)"。拖曳填充柄向下填充公式。

③ 单击 G4 单元格，输入公式 "=VLOOKUP(B4,基本工资表!$B$3:$J$18,9)"。拖曳填充柄向下填充公式。

第二步，从奖惩记录表中导入提成和奖金。操作如下。

单击 H4 单元格，输入公式 "=VLOOKUP(B4,奖惩记录表!$B$4:$J$19,9)"。拖曳填充柄向下填充公式。

第三步，从加班工资统计表中导入加班工资，即"合计"列的值。操作如下。

单击 I4 单元格，输入公式 "=VLOOKUP(B4,加班工资统计表!$B$5:$I$20,8)"。拖曳填充柄向下填充公式。

第四步，从考勤扣款统计表中导出全勤奖金。操作如下。

单击 J4 单元格，输入公式 "=VLOOKUP(B4,考勤扣款统计表!$B$7:$P$22,15)"。拖曳填充柄向下填充公式。

第五步，计算福利补贴（销售部每人每月补贴 600 元，后勤部每人每月补贴 500 元，其他部门每人每月补贴 300 元）。操作如下。

单击 K4 单元格，输入公式 "=IF(D4="销售部",600,IF(D4="后勤部",500,300))"。拖曳填充柄向下填充公式。

第六步，应发工资计算。操作如下。

单击 L4 单元格，输入公式 "=SUM(E4:K4)"。拖曳填充柄向下填充公式。

第七步，从考勤扣款统计表中导出请假扣款和迟到扣款。操作如下。

① 单击 M4 单元格，输入公式 "=VLOOKUP(B4,考勤扣款统计表!$B$7:$P$22,13)"。拖曳填充柄向下填充公式。

② 单击 N4 单元格，输入公式 "=VLOOKUP(B4,考勤扣款统计表!$B$7:$P$22,14)"。拖曳填充柄向下填充公式。

第八步，计算保险公积金等扣款。

本例假设扣除养老保险、医疗保险以及住房公积金金额的比例如下。

养老保险个人缴纳比例为：（基本工资+岗位工资+工龄工资）×8%。

医疗保险个人缴纳比例为：（基本工资+岗位工资+工龄工资）×2%。

住房公积金个人缴纳比例为：（基本工资+岗位工资+工龄工资）×12%。

各项扣减总计 22%。

操作如下。

单击 O4 单元格，输入公式 "=SUM(E4:G4)*0.22"。拖曳填充柄向下填充公式。

第九步，计算个人所得税。

（提示：本例中假设个人所得税按收入 6000 元以按 10%（即 0.1）上缴。）

操作如下。

单击 P4 单元格，输入公式 "=IF(L4<=6000,0,（L4-6000）*0.1)"。拖曳填充柄向下填充公式。

第十步，从奖惩记录表中导出"扣款金额"，即为工资统计表中的"业绩扣款"。操作如下。

单击 Q4 单元格，输入公式"=VLOOKUP(B4,奖惩记录表!$B$4:$K19,10)"。拖曳填充柄向下填充公式。

第十一步，计算应扣合计。操作如下。

单击 R4 单元格，输入公式"=SUM(M4:Q4)"。拖曳填充柄向下填充公式。

第十二步，计算实发工资。操作如下。

单击 S4 单元格，输入公式"=L4-R4"。拖曳填充柄向下填充公式。

6-4 工资条制作

6.2.6 工资条制作

制作工资条的步骤如下。

① 新建一个工作簿，命名为"工资条"。

② 单击 A1 单元格，输入公式"=IF(MOD(ROW(),3)=0,"",IF(MOD(ROW(),3)=1,工资统计表!B$3,INDEX(工资统计表!$B:$S,(ROW()+4)/3+2,COLUMN())))"，按 Enter 键，即可得出结果。

③ 再次单击 A1 单元格，将鼠标指针移至该单元格右下角的填充柄上，当鼠标指针变成黑色十字形状时，按住鼠标左键向右拖动到 R1 单元格，释放鼠标左键，效果如图 6-7 所示。

图 6-7 工资条表头

④ 选择 A1:R1 单元格区域，将鼠标指针移至该单元格区域右下角的填充柄上，当鼠标指针变成黑色十字形状时，按住鼠标左键向右拖动到 R2 单元格，释放鼠标左键，得到一个员工的工资条，如图 6-8 所示。

图 6-8 一个员工的工资条

⑤ 选择 A1:R1 单元格区域，将鼠标指针移至该单元格右下角的填充柄上，当指针变成黑色十字形状时，按住鼠标向右拖动到 R47 单元格，释放鼠标左键即可。至此，本例的制作完成，如图 6-9 所示。

	A	B	C	D	E	F	G	H	I	J	K	L	M	N	O	P	Q	R
1	编号	姓名	所属部门	基本工资	岗位工资	工龄工资	提成或奖金	加班工资	全勤奖金	福利补贴	应发工资	请假扣款	迟到扣款	保险公积金扣款	个人所得税	业绩扣款	应扣合计	实发工资
2	JC_0001	胡世强	财务部	9320	4820	1320	0	1505	0	300	17265	600	10	3401	1126	0	5138	12127
3																		
4	编号	姓名	所属部门	基本工资	岗位工资	工龄工资	提成或奖金	加班工资	全勤奖金	福利补贴	应发工资	请假扣款	迟到扣款	保险公积金扣款	个人所得税	业绩扣款	应扣合计	实发工资
5	JC_0002	夏龙	后勤部	1320	1820	0	500	546	0	500	4686	400	0	691			1091	3595
6	编号	姓名	所属部门	基本工资	岗位工资	工龄工资	提成或奖金	加班工资	全勤奖金	福利补贴	应发工资	请假扣款	迟到扣款	保险公积金扣款	个人所得税	业绩扣款	应扣合计	实发工资
7	JC_0003	万小嘉	后勤部	1820	2020	480	250	768	0	500	5838	200	10	950			1160	4677
8																		
9																		
10	编号	姓名	所属部门	基本工资	岗位工资	工龄工资	提成或奖金	加班工资	全勤奖金	福利补贴	应发工资	请假扣款	迟到扣款	保险公积金扣款	个人所得税	业绩扣款	应扣合计	实发工资
11	JC_0004	周莉	销售部	5320	3320	840	0	2554	0	600	12634	200	0	2086	663	0	2949	9685

图 6-9 部分工资条

本例在 A1 单元格中输入的公式的含义是：如果当前行的行号除以 3 的余数是 0，则为空；如果当前行的行号除以 3 的余数是 1，则为"工资统计表"中 B$3 单元格中的数据；否则返回"工资统计表"中第 B 列至第 R 列区域中的第"当前行的行号加 4 除以 3 再加 2"行和当前列所对应的值。

本章习题

1．在本章数据的基础上，如何将员工工龄加入工资统计表？

2．若迟到所扣工资更改为"迟到 1"扣 20 元，"迟到 2"扣 50 元，"迟到 3"扣 100 元，新工资统计表中会发生怎样的变化？

3．若个人所得税的起征点变更为 8000 元，则需在哪一部分进行修改？

4．利用 LOOKUP 函数进行工资统计。

5．若本月公司进行了制度更新，取消了病假扣款制度，全勤奖金为 700 元，节假日工资是当天基本工资与岗位工资之和的 3 倍，但是"迟到 1"扣 50 元，"迟到 2"扣 100 元，"迟到 3"和旷工均扣除当天工资，请重新制作一份工资统计表。

第**7**章 企业投资决策分析

企业投资决策分析是指企业在进行投资决策时，运用各种方法和工具对投资项目进行评估、筛选和选择的过程。这些分析方法和工具可以帮助企业评估不同投资项目的风险和回报，帮助企业做出决策，以最大化股东的利益。本章主要通过 Excel 来实现企业投资决策分析。

本章学习目标

1. 了解企业投资决策的基本知识。
2. 掌握使用 Excel 计算收益和风险的方法。
3. 掌握使用 Excel 建立风险最小的投资组合的方法。
4. 掌握使用 Excel 建立多只股票的最优投资组合的方法。

7.1 企业投资决策概述

企业进行投资决策可以有效处理企业投资所需的资金和资源的有限性的矛盾。企业投资往往需要一笔较大的支出，在较长的时间里持续地对企业产生影响，但是在一定时期内，任何企业所拥有的资金和资源都是有限的。所以为了统筹安排有限的资金和资源，使其得到合理、有效的利用，企业就要在项目实施之前进行科学的投资决策。

企业投资决策可以帮助企业认识和处理投资项目的技术复杂性和投资经济效益的不确定性之间的关系。现代化企业投资项目的技术结构复杂、涉及面广，影响投资实施的因素繁多，这就要求企业在投资项目确定之前，全面研究投资实施中的各个有关环节，认真分析投资实施过程中相关的有利与不利的因素，经过技术论证，选择最佳的投资方案。另外，不同的投资方案将会产生不同的效益。企业为了追求最大的投资效益，就需要对各个不同的投资方案进行比较，以找出最佳的投资方案。由此可见，企业投资决策是决定一项投资成败的关键所在。

7.2 基于 Excel 的企业投资决策分析

Excel 作为一个强大的电子表格工具，提供了多种功能和内置函数，使企业可以进行详细的财务分析、风险评估和决策模拟。本节主要通过 Excel 来实现企业投资决策分析，可以帮助读者：

（1）了解收益和风险的概念；（2）掌握用 Excel 计算收益和风险的方法；（3）分析风险最小的投资组合；（4）掌握多只股票的最优投资组合的建立方法。

7.2.1 通过 Excel 计算收益和风险

通过 Excel 计算收益和风险的优势在于灵活性和可定制性。用户可以根据具体的投资项目或资产组合的特点，自定义输入数据和计算公式，以满足特定的分析需求。

收益和风险的度量。投资时最重要的指标是风险和收益。这里的收益也叫收益率，是净利润占投资总额的百分比。某个期间的收益率（以股票投资为例）可以表示为：（收盘价-开盘价）/开盘价。通常情况下，将一定期间内的平均收益率作为预期收益率。风险是收益率的变动幅度，用预期收益率的方差或者标准差表示。

用 Excel 计算收益和风险。计算 A 公司和 B 公司每月的收益率、方差以及标准差，初始数据如表 7-1 所示。

表 7-1   公司股票   单位：元

A 公司股票		D 公司股票	
日期	收盘价	日期	收盘价
2021.10.1	35.2	2021.10.1	13.1
2021.11.1	37.3	2021.11.1	24.9
2021.12.1	36.9	2021.12.1	24.2
2022.1.2	33.4	2022.1.2	37.2
2022.2.3	34.6	2022.2.3	47.4
2022.3.1	31.3	2022.3.1	32.6
2022.4.1	29.9	2022.4.1	23.4
2022.5.2	32.9	2022.5.2	28.3
2022.6.1	34.2	2022.6.1	32.4
2022.7.3	32.3	2022.7.3	42.8
2022.8.1	36.5	2022.8.1	38.4
2022.9.1	33.9	2022.9.1	35.9
2022.10.5	36.9	2022.10.5	36.4

在 C3 单元格中输入"=（B4-B3）/B3"，并将公式填充到单元格 C4~C14 中；在单元格 C16 中输入"=AVERAGE(C3:C14)"；在单元格 C17 中输入"=VAR(C3:C14)"；在单元格 C18 中输入"=STDEV(C3:C14)"。从图 7-1 中可以看出，A 公司的平均收益率比 B 公司低，同时风险也低。B 公司的平均收益率比 A 公司高，同时风险也高。

7-1 收益率计算

	A	B	C	D	E	F	G
1		A公司股票				B公司股票	
2	日期	收盘价	每月收益率		日期	收盘价	每月收益率
3	2021.10.1	35.2	0.059659091		2021.10.1	13.1	0.900763359
4	2021.11.1	37.3	-0.010723861		2021.11.1	24.9	-0.02811245
5	2021.12.1	36.9	-0.094850949		2021.12.1	24.2	0.537190083
6	2022.1.2	33.4	0.035928144		2022.1.2	37.2	0.274193548
7	2022.2.3	34.6	-0.095375723		2022.2.3	47.4	-0.312236287
8	2022.3.1	31.3	-0.044728435		2022.3.1	32.6	-0.282208589
9	2022.4.1	29.9	0.100334448		2022.4.1	23.4	0.209401709
10	2022.5.2	32.9	0.039513678		2022.5.2	28.3	0.144876325
11	2022.6.1	34.2	-0.055555556		2022.6.1	32.4	0.320987654
12	2022.7.3	32.3	0.13003096		2022.7.3	42.8	-0.102803738
13	2022.8.1	36.5	-0.071232877		2022.8.1	38.4	-0.065104167
14	2022.9.1	33.9	0.088495575		2022.9.1	35.9	0.013927577
15	2022.10.5	36.9			2022.10.5	36.4	
16		平均值	0.006791208			平均值	0.134239585
17		方差	0.006275805			方差	0.11997115
18		标准差	0.079219975			标准差	0.346368518

图 7-1　公司收益率计算

7.2.2　两只股票的投资组合

　　股票投资组合是指将两只或多只股票合并在一起作为一个整体进行投资的策略。本节将介绍如何用 Excel 进行两只股票的投资组合分析。

　　（1）问题分析。假设投资 A 公司的资金比例是 a，投资 B 公司的资金比例是 b（$a+b=1$, $a \geq 0$, $b \geq 0$）。A 公司的预期收益率是 0.68%，B 公司的预期收益率是 13.42%。

　　（2）分散投资的收益与风险。分散投资的预期收益率（%）=0.68a+13.42b。假设 V（A）是股票 A 的收益率方差，V（B）是股票 B 的收益率方差，r 是股票 A 和股票 B 的收益率相关系数（相关系数见图 7-2），则：

7-2　相关系数计算

$$\text{分散投资风险（标准差）} = \sqrt{a^2 V(A) + b^2 V(B) + 2abr\sqrt{V(A)}\sqrt{V(B)}}$$

	I	J	K
1			
2	经过月数	A公司	B公司
3	1	0.0596591	0.900763359
4	2	-0.0107239	-0.02811245
5	3	-0.0948509	0.537190083
6	4	0.0359281	0.274193548
7	5	-0.0953757	-0.312236287
8	6	-0.0447284	-0.282208589
9	7	0.1003344	0.209401709
10	8	0.0395137	0.144876325
11	9	-0.0555556	0.320987654
12	10	0.1300310	-0.102803738
13	11	-0.0712329	-0.065104167
14	12	0.0884956	0.013927577
15		相关系数	0.151758966

图 7-2　相关系数

在公司股价表的 K15 单元格中输入公式"=CORREL(J3:J14, K3:K14)"。

（3）计算收益和风险。制作工作表，如图 7-3 所示。

在 A 列输入 0～1 的数据，每个数据相差 0.01。在 B 列输入 1 减 A 列数据的结果

	A	B	C	D	E	F	G	H	I
1	a	b	风险	收益		投资对象	方差	标准差	收益
2	0.00	1.00				A公司	0.006276	7.92%	0.68%
3	0.01	0.99				B公司	0.119971	34.64%	13.42%
4	0.02	0.98							
5	0.03	0.97				相关系数r	0.151759		
6	0.04	0.96							
7	0.05	0.95							
8	0.06	0.94							
9	0.07	0.93							
10	0.08	0.92							
95	0.93	0.07							
96	0.94	0.06							
97	0.95	0.05							
98	0.96	0.04							
99	0.97	0.03							
100	0.98	0.02							
101	0.99	0.01							
102	1.00	0.00							

图 7-3　收益/风险工作表

在 C2 单元格中输入求解投资组合风险（标准偏差）的公式"=(A2^2*$G$2+B2^2*$G$3+2*A2*B2*$G$5*$G$2^0.5*$G$3^0.5)^0.5"，并将公式填充到 C3～C102 单元格中；在 D2 单元格中输入求解投资组合收益的公式"=A2*$I$2+B2*$I$3"，并将公式填充到 D3～D102 单元格，得出运算结果，部分运算结果如图 7-4 所示。

7-3　收益/风险计算

	A	B	C	D	E	F	G	H	I
1	a	b	风险	收益		投资对象	方差	标准差	收益
2	0.00	1.00	34.64%	13.42%		A公司	0.00628	7.92%	0.68%
3	0.01	0.99	34.30%	13.30%		B公司	0.11997	34.64%	13.42%
4	0.02	0.98	33.97%	13.17%					
5	0.03	0.97	33.63%	13.04%		相关系数r	0.15176		
6	0.04	0.96	33.30%	12.91%					
7	0.05	0.95	32.97%	12.79%					
8	0.06	0.94	32.63%	12.66%					
9	0.07	0.93	32.30%	12.53%					
10	0.08	0.92	31.97%	12.40%					
11	0.09	0.91	31.64%	12.28%					
12	0.10	0.90	31.30%	12.15%					

图 7-4　收益/风险计算结果

7.2.3　风险最小的投资组合

风险最小的投资组合是指在给定的一组资产中，通过调整不同资产的权重，以实现整体投资

组合风险最小化的策略。这种投资组合的目标是在给定预期收益率或约束条件的情况下，尽量降低投资组合的波动性和风险水平。本节将介绍如何用 Excel 建立风险最小的投资组合。

（1）制作工作表。将投资比例 a 设为 0~1 的适当数值，这里任取 0.1 并输入 A2 单元格中。在 B2 单元格中输入公式"=1-A2"，在 C2 单元格中输入上一节提到的风险计算公式"=(A2^2*$G$2+B2^2*$G$3+2*A2*B2*$G$5*$G$2^0.5*$G$3^0.5)^0.5"，在 D2 单元格中输入公式："=A2*$I$2+B2*$I$3"。工作表如图 7-5 所示。

	A	B	C	D	E	F	G	H	I
1	a	b	风险	收益		投资对象	方差	标准差	收益
2	0.10	0.90	31.30%	12.15%		A公司	0.006276	7.92%	0.68%
3						B公司	0.119971	34.64%	13.42%
4	约束条件								
5	a<=	1.00				相关系数r	0.151759		

图 7-5　工作表

（2）规划求解。单击"数据"选项卡中的"规划求解"按钮，弹出"规划求解参数"对话框。在"设置目标"文本框中指定表示风险的单元格 C2；选择"最小值"选项；在"通过更改可变单元格"文本框中指定投资比例 a 的单元格 A2；设置约束条件为"$A$2<=$B$5"，如图 7-6 所示。

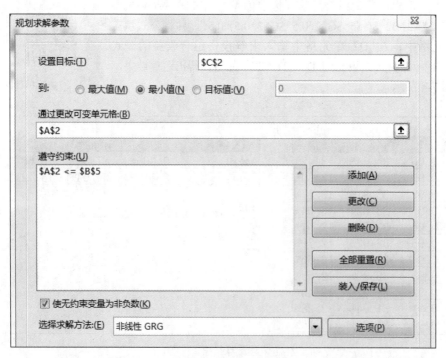

7-4　风险最小规划
求解参数设置

图 7-6　规划求解参数设置

（3）规划结果。从表 7-2 所示的规则求解结果可知：投资比例为 a=98%，b=2%；风险为 7.90%，收益为 0.91%。

表 7-2 规划求解结果

a	b	风险	收益	投资对象	方差	标准差	收益
0.98	0.02	7.90%	0.91%	A 公司	0.0063	7.92%	0.68%
				B 公司	0.12	34.64%	13.42%
约束条件							
a<=	1.00			相关系数 r	0.1518		

（4）制作散点图。打开"散点图"表，选定 C2:D102 单元格区域，单击"推荐的图表"。在"推荐的图表"中选择"散点图"，单击"确定"按钮即可生成散点图，散点图如图 7-7 所示。

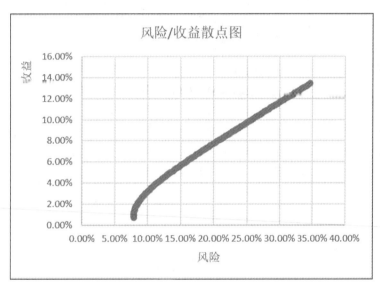

图 7-7 散点图

7.2.4 多只股票的最优投资组合

多只股票的最优投资组合是指通过合理配置不同股票的权重，以达到最优的投资组合效果。本节将介绍如何用 Excel 进行多只股票的最优投资组合分析。

（1）下载数据。从网络上下载任意 6 只股票的数据，然后按照前面介绍的方法计算收益和风险。股票数据如表 7-3 所示。

表 7-3 股票数据

日期	A	B	C	D	E	F
2021.10.1	−0.72%	3.57%	4.83%	1.50%	49.50%	2.93%
2021.11.1	−1.17%	−0.89%	0.13%	16.17%	−2.48%	7.26%
2021.12.1	8.28%	−6.30%	−8.05%	5.66%	36.96%	−6.39%
2022.1.2	−6.30%	2.03%	2.90%	12.16%	20.88%	−2.79%
2022.2.3	−0.72%	−6.19%	−2.25%	−12.21%	−26.06%	9.19%
2022.3.1	−3.80%	−2.90%	8.21%	−10.84%	−21.85%	−1.70%

续表

日期	A	B	C	D	E	F
2022.4.1	4.51%	5.75%	−9.74%	9.26%	13.95%	−9.65%
2022.5.2	−0.07%	2.23%	7.42%	12.98%	10.07%	7.29%
2022.6.1	0.36%	−3.67%	−2.81%	13.51%	23.74%	11.76%
2022.7.3	12.78%	7.75%	−6.51%	−5.29%	−8.76%	−4.88%
2022.8.1	−3.52%	−4.76%	8.40%	−2.03%	−5.61%	−2.20%
2022.9.1	2.81%	5.31%	9.77%	2.39%	0.58%	7.12%
预期收益	1.04%	0.16%	1.03%	3.61%	7.58%	1.60%
方差	0.002875	0.002420	0.004751	0.009353	0.051766	0.59%
标准差	5.36%	4.92%	6.89%	9.67%	22.75%	7.07%

（2）计算相关系数。单击 Excel 界面左上角的"文件"按钮，在弹出来的界面上单击"选项"，选择"加载项"选项，在右边列表框中选择"分析工具库"选项，单击下边的"转到"按钮，勾选"分析工具库"和"分析工具库-VBA"复选框后单击"确定"按钮，安装后会提示重启计算机，计算机重启后会自动加载成功。使用时在"数据"选项卡的最右边单击"数据分析"按钮，在打开的对话框中选择"相关系数"选项，单击"确定"按钮。在打开的"相关系数"对话框中输入数据，如图 7-8 所示。相关系数分析结果如表 7-4 所示。

图 7-8 "相关系数"对话框

表 7-4   相关系数分析结果

	A	B	C	D	E	F
A	1					
B	0.3521220	1				
C	−0.6435580	−0.015641	1.000000			
D	−0.0922657	0.179651	−0.133544	1.000000		
E	0.0964711	0.142916	−0.188077	0.563646	1.000000	
F	−0.3383660	−0.233813	0.384723	0.141184	−0.130982	1.000000

（3）计算协方差。单击"数据分析"按钮，在打开的对话框中选择"协方差"选项，单击"确定"按钮。在打开的"协方差"对话框中输入数据，如图 7-9 所示。协方差分析结果如表 7-5 所示。

图 7-9 "协方差"对话框

表 7-5　　　　　　　　　　　　　协方差分析结果

	A	B	C	D	E	F
A	0.002635729					
B	0.00085142	0.002218201				
C	−0.002180443	−4.86154E-05	0.004355254			
D	−0.000438602	0.000783447	−0.000816042	0.008573523		
E	0.001078884	0.001466252	−0.002703773	0.011368756	0.047451942	
F	−0.0011592	−0.000734835	0.001694247	0.000872338	−0.001903963	0.004453

因为协方差的数据相对于对角线对称，所以，Excel 表格右上方的单元格空白，需要补齐对应的数据。修正后的数据如表 7-6 所示。

表 7-6　　　　　　　　　　　　　修正后的数据

	A	B	C	D	E	F
A	0.002636	0.000851	−0.002180	−0.000439	0.001079	−0.001159
B	0.000851	0.002218	−0.000049	0.000783	0.001466	−0.000735
C	−0.002180	−0.000049	0.004355	−0.000816	−0.002704	0.001694
D	−0.000439	0.000783	−0.000816	0.008574	0.011369	0.000872
E	0.001079	0.001466	−0.002704	0.011369	0.047452	−0.001904
F	−0.001159	−0.000735	0.001694	0.000872	−0.001904	0.004453

上表中的协方差是用 $n=12$ 整除偏积差的结果。然而求解方差的函数 VAR 和标准差的函数 STDEV 都是用 $n-1=11$ 整除偏积差。为了保持统一性，对上表中的数据进行进一步处理，即每一个数据都乘以 12/11，处理后的数据结果如表 7-7 所示。

表 7-7　　　　　　　　　　　　处理后的数据结果

	A	B	C	D	E	F
A	0.002875	0.000929	−0.002379	−0.000478	0.001177	−0.001265
B	0.000929	0.002420	−0.000053	0.000855	0.001600	−0.000802
C	−0.002379	−0.000053	0.004751	−0.000890	−0.002950	0.001848
D	−0.000478	0.000855	−0.000890	0.009353	0.012402	0.000952
E	0.001177	0.001600	−0.002950	0.012402	0.051766	−0.002077
F	−0.001265	−0.000802	0.001848	0.000952	−0.002077	0.004858

（4）制作基础数据表。在 A 列的"预期收益"中设置投资组合的预期收益，中间数据间隔 0.5%。将投资组合预期收益的最优解（风险最小时，各只股票的投资比例）保存在 B 列到 G 列。将风险结果保存在 H 列，如图 7-10 所示。

A	B	C	D	E	F	G	H
预期收益	投资比例						风险
	A	B	C	D	E	F	
1.00%							
1.50%							
2.00%							
2.50%							
3.00%							
3.50%							
4.00%							
4.50%							
5.00%							
5.50%							
6.00%							
6.50%							
7.00%							
7.50%							

图 7-10　基础数据表

（5）制作规划求解表格。在 A40 单元格中，依次输入上表中的预期收益，用规划求解得出最优解。在各个单元格中保存下述数据。

A40：预期收益。B40～G40：投资比例。H40：风险（标准差）。A44：收益小计。C44：投资比例小计。D44：投资比例的约束条件（暂定 100%）。H40：求解总体投资组合的风险，输入 "=MMULT(MMULT(B40:G40,B31:G36),TRANSPOSE(B40:G40))^0.5"，向计算机发出行列式计算的指令，按 F2 键，然后按 Ctrl + Shift + Enter 组合键。A44：求解总体投资组合的收益，输入 "=SUMPRODUCT(B40:G40,B14:G14)"。C44：求解投资比例之和，输入 "=SUM(B40:G40)"。

（6）规划求解。单击"数据"选项卡中的"规划求解"按钮。在打开的"规划求解参数"对话框中输入图 7-11 所示的数据；并复制 B40:H40 单元格区域到规划求解结果表的相应位置，如表 7-8 所示。

图 7-11 规划求解参数设置

表 7-8 规划求解结果

预期收益	投资比例						风险
	A	B	C	D	E	F	
1.00%	0.00%	100.00%	0.00%	0.00%	0.00%	0.00%	4.92%
1.50%							
2.00%							
2.50%							
3.00%							
3.50%							
4.00%							
4.50%							
5.00%							
5.50%							
6.00%							
6.50%							
7.00%							
7.50%							

用同样的方法进行规划求解,依次代入预期收益数值,得到表 7-9。

表 7-9 全部规划求解结果

预期收益	投资比例						风险
	A	B	C	D	E	F	
1.00%	41.58%	16.99%	28.36%	2.11%	0.00%	10.95%	2.32%
1.50%	45.74%	0.00%	31.30%	12.41%	1.49%	9.06%	2.25%
2.00%	36.68%	0.00%	26.14%	16.90%	7.01%	13.28%	3.13%
2.50%	27.61%	0.00%	20.98%	21.39%	12.52%	17.50%	4.46%

续表

预期收益	投资比例						风险
	A	B	C	D	E	F	
3.00%	18.55%	0.00%	15.82%	25.88%	18.03%	21.72%	5.95%
3.50%	9.49%	0.00%	10.67%	30.37%	23.55%	25.93%	7.50%
4.00%	0.43%	0.00%	5.51%	34.86%	29.06%	30.15%	9.08%
4.50%	0.00%	0.00%	0.00%	37.65%	35.91%	26.44%	10.72%
5.00%	0.00%	0.00%	0.00%	40.15%	43.43%	16.42%	12.47%
5.50%	0.00%	0.00%	0.00%	42.65%	50.95%	6.40%	14.31%
6.00%	0.00%	0.00%	0.00%	39.70%	60.30%	0.00%	16.20%
6.50%	0.00%	0.00%	0.00%	27.11%	72.89%	0.00%	18.19%
7.00%	0.00%	0.00%	0.00%	14.52%	85.48%	0.00%	20.27%
7.50%	0.00%	0.00%	0.00%	1.93%	98.07%	0.00%	22.42%

（7）制作散点图，如图 7-12 所示。

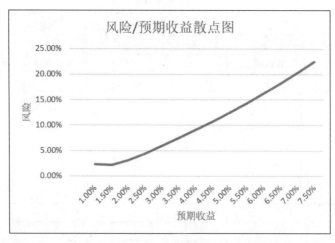

图 7-12　散点图

本章习题

1．简述使用 Excel 计算收益和风险的步骤。

2．简述如何使用 Excel 建立风险最小的投资组合。

3．简述如何使用 Excel 建立多只股票的最优投资组合。

第 **8** 章　调查问卷回归分析

回归分析是一种统计方法，用于显示两个或更多变量之间的关系。回归分析是建立被解释变量与解释变量之间关系的模型，它尝试回答哪些因素对该关系的变化最重要。本章主要介绍什么是回归分析以及如何设计调查问卷并进行回归分析。

本章学习目标

1．了解基本的回归分析模型。
2．掌握调查问卷的设计要点。
3．掌握调查问卷回归分析的操作方法。
4．初步具备设计调查问卷及分析调查问卷质量的能力。

8.1　回归分析概述

回归分析（Regression Analysis）是一种统计学上分析数据的方法，目的在于了解两个或多个变量间是否相关及其相关方向与强度，并建立数学模型，以便观察特定变量来预测研究者感兴趣的变量。通过回归分析，我们可以由给出的自变量估计因变量的条件期望。本节将介绍回归分析的定义以及一些常见的回归分析模型。

8.1.1　回归分析定义

在统计学中，回归分析指的是确定两个或两个以上变量间相互依赖的定量关系的一种统计分析方法。回归分析是一种预测性的建模技术，它研究的是因变量（目标）和自变量（预测器）之间的关系。这种技术通常用于预测分析、建立时间序列模型以及发现变量之间的因果关系。

使用回归分析可以表明自变量和因变量之间的显著关系，或者表明多个自变量对一个因变量的影响强度。回归分析可以比较那些衡量不同尺度的变量之间的相互联系，如价格变动与促销活动数量之间的联系。这些有利于帮助市场研究人员、数据分析人员以及数据科学家排除并估计出一组最佳的变量，以构建预测模型。

有各种各样的回归分析技术用于预测。这些技术主要有 3 个度量，分别是自变量的个数、因变量的类型以及回归线的形状。回归分析按照涉及的变量的多少，可分为一元回归分析和多元回归分析；按照因变量的多少，可分为简单回归分析和多重回归分析；按照自变量和因变量之间的关系类型，可分为线性回归分析和非线性回归分析。

回归分析主要解决的问题是：确定变量之间是否存在相关关系，若存在，则找出数学表达式；根据一个或几个变量的值，预测或控制另一个或几个变量的值，且要估计这种预测或控制可以达到何种精确度。

回归分析的步骤如下。

① 根据自变量与因变量的现有数据以及关系，初步设定回归方程。

② 求出合理的回归系数。

③ 进行相关性检验，确定相关系数。

④ 在符合相关性要求后，即可根据已得的回归方程与具体条件，来确定事物的未来状况，并计算预测值的置信区间。

8.1.2 回归分析模型

下面简单介绍主要的回归分析模型。

1. 线性回归（Linear Regression）

线性回归是最为人熟知的建模技术之一。线性回归通常是人们在学习预测模型时首选的技术。在这种技术中，因变量是连续的，自变量可以是连续的也可以是离散的，回归线的性质是线性的。线性回归使用最佳的拟合直线（也就是回归线）在因变量（Y）和一个或多个自变量（X）之间建立一种关系。线性回归又分为一元线性回归和多元线性回归，两者的区别在于，多元线性回归有多个自变量，而一元线性回归只有一个自变量。

一元线性回归可表示为：$Y=a+b \times X+e$。

多元线性回归可表示为：$Y=a+b_1 \times X_1+b_2 \times X_2+e$。

其中 a 表示截距，b 表示直线的斜率，e 是误差项。线性回归可以根据给定的预测变量来预测目标变量的值。

2. 逻辑回归（Logistic Regression）

逻辑回归是一种广义的线性回归分析模型。逻辑回归广泛用于分类问题，常用于数据挖掘、疾病自动诊断、经济预测等领域。例如，探讨引发疾病的危险因素，并根据危险因素预测疾病发生的概率等。

逻辑回归不要求自变量和因变量之间是线性关系，它可以处理各种类型的关系。逻辑回归用来计算"事件=Success"和"事件=Failure"的概率。当因变量属于二元（1/0，真/假，是/否）变量时，就应该使用逻辑回归。这里，Y 的值从 0 到 1。

逻辑回归模型的适用条件如下。

（1）因变量为二分类的分类变量或某事件的发生率，并且是数值型变量。但是需要注意，重复计数现象指标不适用于逻辑回归。

（2）残差和因变量都要服从二项分布。二项分布对应的是分类变量，所以不是正态分布，进而不是用最小二乘法，而是用最大似然法来解决方程估计和检验问题。

（3）自变量和逻辑概率之间是线性关系。

（4）各观测对象相互独立。

3. 多项式回归（Polynomial Regression）

对于一个回归方程，如果自变量的指数大于 1，那么它就是多项式回归方程，如方程 $y=a+b \times x^2$。在这种回归技术中，最佳拟合线不是直线，而是一个用于拟合数据点的曲线。

多项式回归，回归函数是回归变量多项式的回归。多项式回归模型是线性回归模型的一种，此时回归函数关于回归系数是线性的。由于任意一个函数都可以用多项式逼近，因此多项式回归有着广泛应用。

4．逐步回归（Stepwise Regression）

逐步回归是一种线性回归模型自变量选择方法，其基本思想是将变量一个个引入，引入的条件是其偏回归平方和经验是显著的。同时，每引入一个新变量后，对已入选回归模型的老变量逐个进行检验，将经检验被认为不显著的变量删除，以保证所得自变量子集中每一个变量都是显著的。此过程有若干步，直到不能再引入新变量为止。这时回归模型中所有变量对因变量都是显著的。

逐步回归选择变量的过程包含两个基本步骤：一是从回归模型中剔除经检验被认为不显著的变量，二是引入新变量到回归模型中。常用的逐步型选元法有向前法和向后法。

标准逐步回归做两件事情，即增加和删除每个步骤所需的预测。向前法从模型中最显著的预测开始，然后为每一步添加变量。向后法与模型的所有预测同时开始，然后在每一步消除显著性最小的变量。

5．岭回归（Ridge Regression）

岭回归是一种专用于共线性数据分析的有偏估计回归方法。它实质上是一种改良的最小二乘法，通过放弃最小二乘法的无偏性，以损失部分信息、降低精度为代价获得回归系数的更为符合实际、更可靠的回归方法。它对病态数据的拟合要强于最小二乘法。

6．套索回归（Lasso Regression）

套索回归类似于岭回归，引入了一个惩罚系数用来限制回归系数绝对值的大小。此外，它能够减少变化程度并提高线性回归模型的精度。

7．ElasticNet 回归

ElasticNet 回归是套索回归和岭回归的混合体。当有多个相关的特征时，ElasticNet 回归是很有用的。套索回归会随机挑选多个相关特征中的一个，而 ElasticNet 回归则会选择两个。

8.2　调查问卷回归分析

本节通过设计调查问卷、采集收据，并基于 Excel 对所采集的数据进行回归分析。

8.2.1　调查问卷设计

能够成为最受欢迎的西餐厅，一定包含很多重要因素。选择 8 个因素：味道、餐具、食材、甜点、红酒、位置、装饰、互动。每个因素的属性如表 8-1 所示。

表 8-1　　　　　　　　　　　　　调查问卷的因素及其属性

因素	属性 1	属性 2	属性 3
味道	传统	独创	
餐具	朴素	艺术	容量大
食材	普通	有机	特定产地
甜点	有蛋糕师	能混搭	有奶酪

续表

因素	属性 1	属性 2	属性 3
红酒	有酒侍	品种多	有珍品
位置	办公区	商业区	郊外
装饰	白色基调	木材基调	豪华
互动	有游戏	交流会	品酒会

将表 8-1 中的因素和属性分配到包含 18 个项目的调查问卷中，如表 8-2 所示。

表 8-2 调查问卷的内容

序号	味道	餐具	食材	甜点	红酒	位置	装饰	互动	评分
1	传统	朴素	普通	有蛋糕师	有酒侍	办公区	白色基调	有游戏	
2	传统	朴素	有机	能混搭	品种多	商业区	木材基调	交流会	
3	传统	朴素	特定产地	有奶酪	有珍品	郊外	豪华	品酒会	
4	传统	艺术	普通	有蛋糕师	品种多	商业区	豪华	品酒会	
5	传统	艺术	有机	能混搭	有珍品	郊外	白色基调	有游戏	
6	传统	艺术	特定产地	有奶酪	有酒侍	办公区	木材基调	交流会	
7	传统	容量大	普通	能混搭	有酒侍	郊外	木材基调	品酒会	
8	传统	容量大	有机	有奶酪	品种多	办公区	豪华	有游戏	
9	传统	容量大	特定产地	有蛋糕师	有珍品	商业区	白色基调	交流会	
10	独创	朴素	普通	有奶酪	有珍品	商业区	木材基调	有游戏	
11	独创	朴素	有机	有蛋糕师	有酒侍	郊外	豪华	交流会	
12	独创	朴素	特定产地	能混搭	品种多	办公区	白色基调	品酒会	
13	独创	艺术	普通	能混搭	有珍品	办公区	豪华	交流会	
14	独创	艺术	有机	有奶酪	有酒侍	商业区	白色基调	品酒会	
15	独创	艺术	特定产地	有蛋糕师	品种多	郊外	木材基调	有游戏	
16	独创	容量大	普通	有奶酪	品种多	郊外	白色基调	交流会	
17	独创	容量大	有机	有蛋糕师	有珍品	办公区	木材基调	品酒会	
18	独创	容量大	特定产地	能混搭	有酒侍	商业区	豪华	有游戏	

就以上 18 个项目对消费者进行问卷调查，请消费者按照想去的程度给每一行打分，非常想去的打 10 分，非常不想去的打 0 分，以此类推。假设共调查了 100 名消费者，对他们打的分求平均值，调查结果如表 8-3 所示。

表 8-3 问卷调查的统计结果

序号	味道	餐具	食材	甜点	红酒	位置	装饰	互动	评分
1	传统	朴素	普通	有蛋糕师	有酒侍	办公区	白色基调	有游戏	6.90
2	传统	朴素	有机	能混搭	品种多	商业区	木材基调	交流会	5.83

序号	味道	餐具	食材	甜点	红酒	位置	装饰	互动	评分
3	传统	朴素	特定产地	有奶酪	有珍品	郊外	豪华	品酒会	4.88
4	传统	艺术	普通	有蛋糕师	品种多	商业区	豪华	品酒会	5.83
5	传统	艺术	有机	能混搭	有珍品	郊外	白色基调	有游戏	6.07
6	传统	艺术	特定产地	有奶酪	有酒侍	办公区	木材基调	交流会	6.31
7	传统	容量大	普通	能混搭	有酒侍	郊外	木材基调	品酒会	6.31
8	传统	容量大	有机	有奶酪	品种多	办公区	豪华	有游戏	4.52
9	传统	容量大	特定产地	有蛋糕师	有珍品	商业区	白色基调	交流会	5.36
10	独创	朴素	普通	有奶酪	有珍品	商业区	木材基调	有游戏	7.14
11	独创	朴素	有机	有蛋糕师	有酒侍	郊外	豪华	交流会	4.40
12	独创	朴素	特定产地	能混搭	品种多	办公区	白色基调	品酒会	7.02
13	独创	艺术	普通	能混搭	有珍品	办公区	豪华	交流会	5.36
14	独创	艺术	有机	有奶酪	有酒侍	商业区	白色基调	品酒会	6.43
15	独创	艺术	特定产地	有蛋糕师	品种多	郊外	木材基调	有游戏	6.67
16	独创	容量大	普通	有奶酪	品种多	郊外	白色基调	交流会	6.07
17	独创	容量大	有机	有蛋糕师	有珍品	办公区	木材基调	品酒会	4.88
18	独创	容量大	特定产地	能混搭	有酒侍	商业区	豪华	有游戏	5.48

8.2.2　回归分析结果

分析时，需要把定性数据转换成定量数据。使用虚拟变量 0 和 1 转换各种项目，制作用于分析的数据表。为了避免数据冗余，分别删除各个因素的一个属性。删除任意一个属性，结果不变。本次删除各个因素的最后一个属性，分别是独创、容量大、特定产地、有奶酪、有珍品、郊外、豪华、品酒会。制作用于回归分析的数据表，如表 8-4 所示。

表 8-4　用于回归分析的数据表

序号	传统	朴素	艺术	普通	有机	有蛋糕师	能混搭	有酒侍	品种多	办公区	商业区	白色基调	木材基调	有游戏	交流会	评分
1	1	1	0	1	0	1	0	1	0	1	0	1	0	1	0	6.90
2	1	1	0	0	1	0	1	0	1	0	1	0	1	0	1	5.83
3	1	1	0	0	0	0	0	0	0	0	0	0	0	0	0	4.88
4	1	0	1	1	0	1	0	0	1	0	1	0	0	0	0	5.83
5	1	0	1	0	1	0	1	0	0	0	0	1	0	1	0	6.07
6	1	0	1	0	0	0	0	1	0	1	0	0	1	0	1	6.31

续表

序号	传统	朴素	艺术	普通	有机	有蛋糕师	能混搭	有酒侍	品种多	办公区	商业区	白色基调	木材基调	有游戏	交流会	评分
7	1	0	0	1	0	0	1	1	0	0	0	0	1	0	0	6.31
8	1	0	0	0	1	0	0	0	1	1	0	0	0	1	0	4.52
9	1	0	0	0	1	0	0	0	0	0	1	1	0	0	1	5.36
10	0	1	0	1	0	0	0	0	0	0	1	0	1	1	0	7.14
11	0	1	0	1	0	0	0	0	0	0	0	1	0	0	1	4.40
12	0	1	0	0	0	0	0	0	1	0	1	0	0	0	0	7.02
13	0	0	1	1	0	0	1	0	0	0	0	1	0	0	0	5.36
14	0	0	1	0	0	0	0	0	0	0	1	0	1	0	0	6.43
15	0	0	1	0	0	0	1	0	0	1	0	0	0	1	1	6.67
16	0	0	0	1	0	0	0	0	1	0	0	0	1	0	0	6.07
17	0	0	0	0	1	1	0	0	0	0	1	0	0	0	1	4.88
18	0	0	0	0	0	0	1	1	0	0	1	0	0	1		5.48

　　用于回归分析的数据表的制作过程：味道因素中删除了独创属性，意味着选了传统属性，将传统属性赋值为 1，则独创属性被赋值为 0；同理，餐具因素中选择朴素属性，其被赋值为 1，艺术属性被赋值为 0，容量大属性也被赋值为 0；餐具因素中选择艺术属性，其被赋值为 1，朴素属性被赋值为 0，容量大属性也被赋值为 0。

　　使用数据分析工具前的准备工作：单击"选项"按钮，打开"Excel 选项"对话框，选择"加载项"选项，单击"转到"按钮，选择添加数据分析工具，之后系统会安装数据分析工具，安装完之后请不要重启计算机；接着，"数据"选项卡中的最右侧会有"数据分析"按钮出现。

　　用表 8-4 进行回归分析，单击"数据分析"按钮，在打开的对话框中选择"回归"选项，单击"确定"按钮，打开"回归"对话框进行设置，如图 8-1 所示。

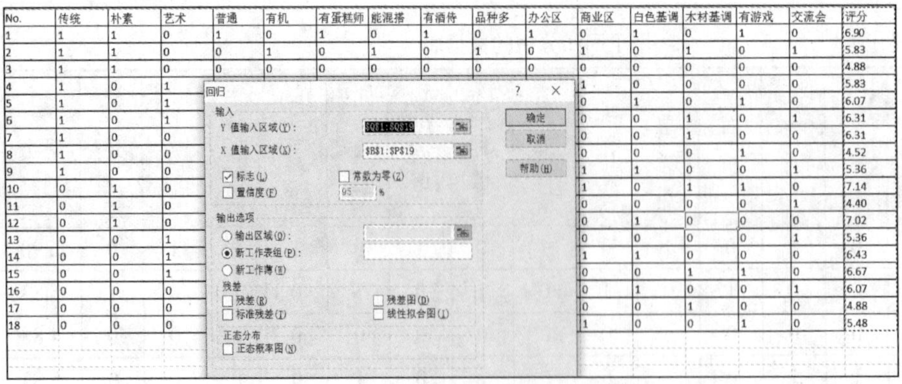

图 8-1　回归分析设置

单击"确定"按钮，输出回归分析的结果，如图 8-2 所示。

图 8-2 回归分析结果

图 8-2 的回归分析结果中出现了负系数。在分析时，可以快速识别出此系数的置信度较低，因此可以将对应的属性与一开始删除的属性转换，重新制作数据表，如表 8-5 所示。出现负值的这些属性分别是：传统（替换之前被删除的独创属性）、有机、有蛋糕师和交流会。

表 8-5　　　　　　　　　　　　　　修正后用于回归分析的数据表

序号	独创	朴素	艺术	普通	特定产地	有奶酪	能混搭	有酒侍	品种多	办公区	商业区	白色基调	木材基调	有游戏	品酒会	评分
1	0	1	0	1	0	0	0	1	0	1	0	1	0	1	0	6.90
2	0	1	0	0	0	0	1	0	1	0	1	0	1	0	0	5.83
3	0	1	0	0	1	1	0	0	0	0	0	0	0	0	1	4.88
4	0	0	1	1	0	0	0	0	1	0	1	0	0	0	1	5.83
5	0	0	1	0	0	0	0	1	0	0	0	1	0	1	0	6.07
6	0	0	1	0	0	1	1	0	1	0	0	0	1	0	0	6.31
7	0	0	1	0	0	0	1	0	0	0	1	0	0	1	0	6.31
8	0	0	0	0	0	0	1	0	0	1	0	0	0	1	0	4.52
9	0	0	0	0	0	0	0	0	0	0	0	1	0	1	0	5.36
10	1	1	0	1	0	0	0	0	0	1	0	1	1	1	0	7.14
11	1	1	0	0	0	0	0	0	0	0	1	0	0	0	0	4.40
12	1	1	0	0	1	0	0	1	0	1	0	1	0	0	1	7.02
13	1	0	1	0	0	0	0	0	1	0	0	1	0	0	0	5.36

续表

序号	独创	朴素	艺术	普通	特定产地	有奶酪	能混搭	有酒侍	品种多	办公区	商业区	白色基调	木材基调	有游戏	品酒会	评分
14	1	0	1	0	0	1	0	1	0	0	1	1	0	0	1	6.43
15	1	0	1	0	1	0	0	0	1	0	0	0	1	1	0	6.67
16	1	0	0	1	0	1	0	0	1	0	0	1	0	0	0	6.07
17	1	0	0	0	0	0	0	0	0	1	0	0	1	0	1	4.88
18	1	0	0	0	0	1	1	1	0	0	0	0	1	0	0	5.48

根据表 8-5，再次进行回归分析，可以看到输出的结果中都是正系数，如图 8-3 所示。

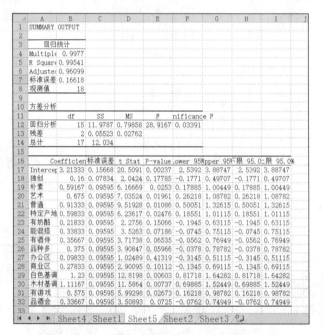

8-2 第二次回归分析

图 8-3 第二次进行的回归分析结果

根据回归分析结果，建立表示满意度的回归方程，如图 8-4 所示。

$$
\begin{aligned}
评价值 = 3.213 &+ \begin{pmatrix} 味道 \\ 0.000\ 传统 \\ 0.160\ 独创 \end{pmatrix} + \begin{pmatrix} 餐具 \\ 0.592\ 朴素 \\ 0.675\ 艺术 \\ 0.000\ 容量大 \end{pmatrix} + \begin{pmatrix} 食材 \\ 0.913\ 普通 \\ 0.000\ 有机 \\ 0.598\ 特定产地 \end{pmatrix} + \begin{pmatrix} 甜点 \\ 0.000\ 有蛋糕师 \\ 0.218\ 有奶酪 \\ 0.338\ 能混搭 \end{pmatrix} \\
&+ \begin{pmatrix} 红酒 \\ 0.357\ 有酒侍 \\ 0.375\ 品种多 \\ 0.000\ 有珍品 \end{pmatrix} + \begin{pmatrix} 位置 \\ 0.098\ 办公区 \\ 0.278\ 商业区 \\ 0.000\ 郊外 \end{pmatrix} + \begin{pmatrix} 装饰 \\ 1.230\ 白色基调 \\ 1.112\ 木材基调 \\ 0.000\ 豪华 \end{pmatrix} + \begin{pmatrix} 互动 \\ 0.575\ 有游戏 \\ 0.000\ 交流会 \\ 0.337\ 品酒会 \end{pmatrix}
\end{aligned}
$$

注：图中数据仅保留三位小数。

图 8-4 回归方程

选择最大系数的项目组合，导出预测最高评价值的回归方程。根据回归方程判断最受欢迎西餐厅的因素为具有独创的味道、艺术的餐具、普通的食材、能混搭的甜点，红酒品种多，位于商业区，白色基调的装修和有游戏互动。

根据上述的分析，制作因素影响度表，如表 8-6 所示。

表 8-6　　　　　　　　　　　　　　　因素影响度

因素	最大系数值
味道	0.160
餐具	0.675
食材	0.913
甜点	0.338
红酒	0.375
位置	0.278
装饰	1.230
互动	0.575

根据运算结果，可制作图 8-5 所示的图表。

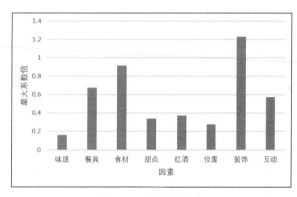

图 8-5　评价影响度

由此可见，通过回归分析可以得到评价最受欢迎的西餐厅的主要影响因素为装饰、食材、餐具、互动。

本章习题

1. 简述主要的回归分析模型。
2. 在设计调查问卷时应该考虑哪些因素？
3. 简述调查问卷回归分析的操作方法。
4. 在设计调查问卷时能否任意选取多个自变量？选取不同的自变量是否会对调查结果产生影响？

第9章 企业客户价值分析

客户在电子商务网站上有了购买行为之后，就从潜在客户变成了网站的价值客户。电子商务网站一般都会将客户的交易信息（包括购买时间、购买商品、购买数量、支付金额等信息）保存在自己的数据库里面，所以我们可以基于网站的运营数据对客户的交易行为进行分析，以估计每位客户的价值，以及针对每位客户进行扩展营销的可能性。

本章学习目标

1. 熟练掌握 Excel 的基本操作。
2. 掌握 RFM 模型的基本原理。
3. 掌握 MAX、MIN、LOOKUP 等函数的使用方法。
4. 掌握数据透视表的使用方法。

9.1 问题背景

一个电子商务公司有最近一年约 1200 个会员客户的销售数据。由于公司想针对不同类别的客户进行促销活动，同时，为回馈重点客户，也计划推出一系列针对重点客户的优惠活动，希望保留这些客户，维持其活跃度，因此希望利用该数据进行客户分类研究。

9.2 相关理论

在众多的客户价值分析模型中，RFM 模型是被广泛应用的。RFM 模型是衡量客户价值和客户创利能力的重要工具和手段。RFM 模型按照 R（Recency，近度）、F（Frequency，频度）和 M（Monetary，额度）3 个维度细分客户群体。

（1）近度 R：R 代表客户最近的活跃时间距离数据采集点的时间的距离。R 越大，表示客户越久未发生交易；R 越小，表示客户最近有交易发生。R 越大，则客户越可能会"沉睡"，流失的可能性越大。这部分客户中可能有些优质客户，值得公司通过一定的营销手段进行"激活"。

（2）频度 F：F 代表客户过去某段时间内的活跃频率。F 越大，则表示客户同本公司的交易越频繁，不仅给公司带来人气，也带来稳定的现金流，是非常忠诚的客户；F 越小，则表示客户越不活跃，且可能是竞争对手的常客。针对 F 较小且消费金额较大的客户，需要推出一定的竞争策略，将这批客户从竞争对手中争取过来。

（3）额度 M：表示客户每次消费金额的多少，可以用最近一次的消费金额，也可以用过去的平均消费金额。根据分析的目的不同，可以有不同的标识方法。一般来讲，单次交易金额较大的客户，支付能力强，价格敏感度低，是较为优质的客户；而每次交易金额很小的客户，可能在支付能力和支付意愿上较低。当然，也不是绝对的。

通过 RFM 模型，可以划分出客户的层级，可采用表 9-1 所示的客户分类方法。

表 9-1　　　　　　　　　　　　　　客户分类方法

客户分类	R	F	M
重要价值客户	高	高	高
一般价值客户	高	高	低
重要发展客户	高	低	高
一般发展客户	高	低	低
重要保持客户	低	高	高
一般保持客户	低	高	低
重要挽留客户	低	低	高
一般挽留客户	低	低	低

对于不同类型的客户，企业可以采取不同的营销策略。

9.3　数据分析

本节主要介绍基于网站运营数据对客户的交易行为进行分析的数据分析方法，包括数据透视分析，时间距离计算，R、F、M 值计算，客户分类等。

9.3.1　数据来源

打开原始工作表（第 9 章 Excel 客户价值分析-学生用.xlsx），该工作表中共有 26663 条销售数据，每条销售数据包含记录 ID、客户编号、收银时间、销售金额、销售类型 5 个字段，如图 9-1 所示。

	A	B	C	D	E
1	记录ID	客户编号	收银时间	销售金额/元	销售类型
26652	00042501	030093	2016-07-04 17:56	449.00	正常
26653	00042514	030031	2016-07-04 20:08	449.00	正常
26654	00042808	020088	2016-07-05 16:02	-249.00	退货
26655	00042809	010131	2016-07-05 16:03	449.00	正常
26656	00042891	010014	2016-07-05 17:52	20.00	正常
26657	00042894	030163	2016-07-05 18:19	249.00	正常
26658	00042895	040232	2016-07-05 18:19	-249.00	退货
26659	00042898	040002	2016-07-05 18:29	-449.00	退货
26660	00042899	010176	2016-07-05 18:30	449.00	正常
26661	00042908	020109	2016-07-05 20:27	299.00	正常
26662	00042909	010050	2016-07-05 20:27	36.00	正常
26663	00042910	030188	2016-07-05 20:27	0.00	赠送

图 9-1　企业销售数据

9.3.2　数据透视分析

打开原始工作表，打开"创建数据透视表"对话框，如图 9-2 所示，单击"确定"按钮。

图 9-2　"创建数据透视表"对话框

创建的数据透视表如图 9-3 所示。其中，最近一次购买时间为收银时间的最大值，购买次数为客户编号在销售数据中出现的次数，每次平均消费金额为销售金额的平均值。

9-1　企业销售数据
透视表

图 9-3　企业销售数据透视表

9.3.3　数据分析

根据用户数据计算时间距离和各客户的 R、F、M 值，给每个客户分类，统计各类客户的数量。

1. 计算时间距离

根据数据采集日期计算最近一次购买时间与数据采集日期的时间距离，结果如图 9-4 所示。其中 E4 单元格的公式为"=$D$1-B4"，利用复制公式的方法得到所有的时间距离。

	A	B	C	D	E
1	销售类型	(全部)	数据采集日期	2016/9/27	
2					
3	客户编号	最近一次购买时间	购买次数/次	每次平均消费金额/元	时间距离/天
4	010001	2016/09/17 12:47	27	123.48	9
5	010002	2016/07/03 11:43	18	91.78	86
6	010003	2016/08/28 16:04	25	137.40	29
7	010004	2016/08/29 12:44	30	110.40	28
8	010005	2016/08/18 18:25	14	151.36	39
9	010006	2016/07/09 13:06	17	109.35	79
10	010007	2016/09/22 14:53	26	152.35	4
11	010008	2016/09/22 17:50	35	110.14	4
12	010009	2016/08/03 22:32	19	171.42	54
13	010010	2016/09/15 20:44	22	106.05	11
14	010011	2016/09/24 21:43	23	156.04	2
15	010012	2016/09/11 19:37	27	173.19	15

9-2 计算时间距离

图 9-4 计算出的时间距离

2. 计算每个客户的 R、F、M 值

R、F、M 值的计算方法有很多种，这里采用简化的二分法来计算。基本原理是分别取 R（图 9-4 中的时间距离）、F（购买次数）、M（每次平均消费金额）的最大值、最小值，然后计算平均值，保留 2 位小数，结果如图 9-5 所示。

F2 单元格的公式为：=(MAX(E4:E1203)-MIN(E4:E1203))/2。

G2 单元格的公式为：=(MAX(C4:C1203)-MIN(C4:C1203))/2。

H2 单元格的公式为：=(MAX(D4:D1203)-MIN(D4:D1203))/2。

	A	B	C	D	E	F	G	H
1	销售类型	(全部)	数据采集日期	2016/9/27		R	F	M
2					二分法平均值	56.53	14.50	146.49
3	客户编号	最近一次购买时间	购买次数/次	每次平均消费金额/元	时间距离/天	R-Score	F-Score	M-Score
4	010001	2016/09/17 12:47	27	123.48	9			
5	010002	2016/07/03 11:43	18	91.78	86			
6	010003	2016/08/28 16:04	25	137.40	29			
7	010004	2016/08/29 12:44	30	110.40	28			

9-3 二分法计算 R、F、M 值

图 9-5 用二分法计算出的 R、F、M 值

下面对每个客户的数据进行计算，规则如下。

R-Score：时间距离小于等于平均值时为 1，否则为 0。

F-Score：购买次数大于等于平均值时为 1，否则为 0。

M-Score：每次平均消费金额大于等于平均值时为 1，否则为 0。

计算结果如图 9-6 所示。

	A	B	C	D	E	F	G	H
1	销售类型	(全部)	数据采集日期	2016/9/27		R	F	M
2					二分法平均值	56.53	14.50	146.49
3	客户编号	最近一次购买时间	购买次数/次	每次平均消费金额/元	时间距离/天	R-Score	F-Score	M-Score
4	010001	2016/09/17 12:47	27	123.48	9	1	1	0
5	010002	2016/07/03 11:43	18	91.78	86	0	1	0
6	010003	2016/08/28 16:04	25	137.40	29	1	1	0
7	010004	2016/08/29 12:44	30	110.40	28	1	1	0
8	010005	2016/08/18 18:25	14	151.36	39	1	0	1
9	010006	2016/07/09 13:06	17	109.35	79	0	1	0
10	010007	2016/09/22 14:53	26	152.35	4	1	1	1
11	010008	2016/09/22 17:50	35	110.14	4	1	1	0
12	010009	2016/08/03 22:32	19	171.42	54	1	1	1
13	010010	2016/09/15 20:44	22	106.05	11	1	1	0
14	010011	2016/09/24 21:43	23	156.04	2	1	1	1
15	010012	2016/09/11 19:37	27	173.19	15	1	1	1

9-4 各客户 R-Score、F-Score、M-Score 计算

图 9-6 各客户的 R-Score、F-Score、M-Score 计算结果

3．客户分类

根据客户分类表，给每个客户分类。根据前面的理论和 R、F、M 值对客户进行分类定义。新建一个客户分类表，如图 9-7 所示。

	A	B	C	D
1	客户类型	R	F	M
2	重要价值客户	1	1	1
3	一般价值客户	1	1	0
4	重要发展客户	1	0	1
5	一般发展客户	1	0	0
6	重要保持客户	0	1	1
7	一般保持客户	0	1	0
8	重要挽留客户	0	0	1
9	一般挽留客户	0	0	0

图 9-7　客户分类表

对每个客户进行分类操作，分类结果如图 9-8 所示。

	A	B	C	D	E	F	G	H	I
1	销售类型	(全部)	数据采集日期	2016/9/27		R	F	M	
2					二分法平均值	56.53	14.50	146.49	
3	客户编号	最近一次购买时间	购买次数/次	每次平均消费金额/元	时间距离/天	R-Score	F-Score	M-Score	类别
4	010001	2016/09/17 12:47	27	123.48	9	1	1	0	一般价值客户
5	010002	2016/07/03 11:43	18	91.78	86	0	1	0	一般保持客户
6	010003	2016/08/28 16:04	25	137.40	29	1	1	0	一般价值客户
7	010004	2016/08/29 12:44	30	110.40	28	1	1	0	一般价值客户
8	010005	2016/08/18 18:25	14	151.36	39	1	0	1	重要发展客户
9	010006	2016/07/09 13:06	17	109.35	79	0	1	0	一般保持客户
10	010007	2016/09/22 14:53	26	152.35	4	1	1	1	重要价值客户
11	010008	2016/09/22 17:50	35	110.14	4	1	1	0	一般价值客户
12	010009	2016/08/03 22:32	19	171.42	54	1	1	1	重要价值客户

图 9-8　客户分类结果

9-5　客户分类

分类时使用 LOOKUP 函数进行多条件查找。其中 I4 单元格的公式为 "=LOOKUP(1,0/((客户分类表!\$B\$2:\$B\$9=F4)*(客户分类表!\$C\$2:\$C\$9=G4)*(客户分类表!\$D\$2:\$D\$9=H4)),客户分类表!\$A\$2:\$A\$9)"。

4．统计各类客户的数量

构造一个新的数据透视表，统计各类客户的数量，结果如图 9-9 所示。

	A	B
1		
2		
3	行标签	计数项:类别
4	一般保持客户	26
5	一般发展客户	35
6	一般价值客户	704
7	一般挽留客户	2
8	重要保持客户	15
9	重要发展客户	16
10	重要价值客户	395
11	重要挽留客户	7
12	总计	1200

图 9-9　各类客户的数量

9.4　思考和展望

1．图 9-9 中的一般保持客户为 26 个，请列出这 26 个客户的编号信息。

2．在客户分类表中加一个"客户数量"列，如图 9-10 所示，如何实现客户数量的统计呢？

	A	B	C	D	E
1	客户类型	R	F	M	客户数量
2	重要价值客户	1	1	1	
3	一般价值客户	1	1	0	
4	重要发展客户	1	0	1	
5	一般发展客户	1	0	0	
6	重要保持客户	0	1	1	
7	一般保持客户	0	1	0	
8	重要挽留客户	0	0	1	
9	一般挽留客户	0	0	0	

图 9-10　客户数量统计

3．对于不同类别的客户，企业可以采取什么样的营销手段？

提示：多条件查找或者复杂条件查找的通用公式为"=LOOKUP(1,0/((区域 1=条件 1)*(区域 2=条件 2)*(....)),目标区域)"。

本章习题

1．RFM 模型从哪几个维度细分客户群体？各个维度的具体内容是什么？

2．本章通过 R、F、M 值划分了 8 类客户，还可以进一步精确划分客户类型吗？

3．统计本章中各类客户的比例，评估客户黏性及满意度，优化经营策略。

4．如何用 RFM 模型来进行客户关系的管理和维护？

第 **10** 章　南昌市天气数据分析

南昌天气数据分析是指对南昌市的天气数据进行统计、分析和可视化呈现，以了解南昌市的天气特点和气象变化规律。南昌市位于江西省中部偏北的位置，具有明显的季节性和地域性特征，其气候属于亚热带季风气候。通过对南昌市的天气数据进行分析，可以深入了解南昌市的天气变化规律及其对人们生活和经济活动的影响。

在进行南昌市天气数据分析时，可以从多个角度入手，如分析南昌市的气温、降水量、湿度、风向和风速等气象要素的变化趋势和周期性规律，以及不同季节和年份之间的差异。同时，还可以将数据可视化呈现，以更加清晰地展示数据规律和趋势。

南昌市天气数据分析可以为农业、旅游、交通、城市规划等领域的决策提供参考，也可以为气象预测和气候变化研究提供数据支持。

本章将基于 Excel 对南昌市的天气数据进行分析。

10.1　概述

南昌市热量丰富、雨水充沛、光照充足，且作物生长旺季雨热匹配较好，为农业生产提供了有利气象条件，素有鱼米之乡的美誉。南昌市位于赣江、抚河的下游，濒临我国第一大淡水湖——鄱阳湖。南昌市有春季、秋季短，夏季、冬季长的特点。虽然四季长短不同，但季节特征明显：春季温暖湿润，夏季炎热多雨，秋季凉爽干燥，冬季寒冷少雨。南昌市年平均气温在 17℃～18℃，冬夏气温变化幅度大，盛夏最高气温在 40℃以上，隆冬最低气温可低至-10℃；年平均降雨量在 1600 毫米左右，但一年内降水分布不均匀，4～6 月降雨量约占全年降雨量的一半。南昌市是典型的"夏炎冬寒"型城市，冬天寒冷，夏天炎热，有"火炉"之称。

10.1.1　数据分析背景

进入 21 世纪，科学技术不断发展，越来越多的技术被应用到天气预测中，天气预测的准确性得到了显著提高。它为我们的生产、生活提供了有效的参考，保障了我们的生产、生活能够更加高效、有序地展开。但目前，气候变暖已经成为不争的事实，极端天气变多、变强，对农业生产、水资源、生态环境、人类健康造成了严重的影响。

南昌市地处季风气候区，由于每年季风强弱和进退时间不同，气温变化较大，降水分布不均，高温干旱、低温冷害和暴雨洪涝等气象灾害发生较频繁，给人们的生产、生活带来了一些不利影响。天气对我们的日常生活有着重要影响，往往决定着我们能否顺利地完成某些活动。那么南昌市的天气有着怎样的特点呢？本章将对此展开南昌市天气数据的分析。

10.1.2　数据分析的意义

天气是人类活动时重要的环境条件，关系着我们的衣食住行。研究天气数据能够对未来天气进行更有效的预报和对自然灾害进行更有效的预警，让各个领域都能受益。首先，准确的天气预测可以使灾害损失降到最小，使水利资源的利用效益发挥到最大。其次，对天气数据进行分析，可以帮助农业生产部门及广大农民对选种、播种时间进行科学的决策，有利于农业生产的安全进行。最后，天气预测可以协助相关部门及企业提前安排生产计划，避免经济损失。

对天气数据进行研究与分析可以最大限度地减少灾害带来的损失，而且可以给生产、生活带来更高的效益，意义重大。通过数据分析，可以得出南昌市的气温变化趋势，以及各个季节的气温特点。同时可以得出南昌市的天气类型和天气特点，为南昌市的气象预报、旅游等提供参考。

我们通过分析南昌市近年来的气象指标（包括天气、气温、空气质量、风向和降水量等指标），得出南昌市一般的气象状况，以展现南昌市的气象特点，甚至可以根据这一特点再依据人们的一般喜好判断人们是否乐意留在南昌市发展。此外，还可以结合其他因素，给人们的就业和生活提供些许意见。

10.2　数据描述

本节将对南昌市天气数据分析中所使用的数据进行介绍。这里以南昌市 2021 年的天气数据为例，包括日期、最高温、最低温、天气等数据，原始数据见"第 10 章 2021 年南昌市天气数据分析-学生用.xlsx"。

1．数据来源

南昌市的天气数据，可以从各大气象网站或者南昌市气象局官网获取。本章所使用的数据主要来源于"2345 天气王"网站实际收集到的有效数据。利用八爪鱼采集南昌市 2021 年 1 月 1 日到采集日的天气数据。

2．数据特点

获取的天气数据时间跨度长，较为完整，包括日期、最高温、最低温、天气、风力风向、空气质量指数 6 个部分，原始数据（部分）如图 10-1 所示。

	A	B	C	D	E	F
1	日期	最高温	最低温	天气	风力风向	空气质量指数
2	2021-01-01 周五	7℃	-1℃	晴	西南风1级	59 良
3	2021-01-02 周六	9℃	0℃	晴	东北风1级	72 良
4	2021-01-03 周日	9℃	2℃	多云~晴	东北风2级	70 良
5	2021-01-04 周一	12℃	6℃	晴~多云	北风2级	88 良
6	2021-01-05 周二	9℃	5℃	阴	北风3级	115 轻度
7	2021-01-06 周三	5℃	0℃	阴~雨夹雪	北风3级	112 轻度

图 10-1　获取的南昌市天气数据（部分）

该数据的特点如下。

（1）代表性：调查范围涉及南昌市近年来多项气象指标。

（2）真实性、可靠性：数据来源于"2345 天气王"网站，具有一定的权威性，可信度相对较高。

（3）不完整性：某些数据存在缺失的情况，但大部分数据是完整、连续的，仍具有一定的可研究性。

3．数据内容

以南昌市的天气、最高温、最低温、空气质量指数、风力风向等为南昌市天气数据内容，进行数据处理和分析。

4．数据处理步骤

（1）将用八爪鱼得到的数据导入表格。
（2）对获得的变量数据进行量化处理，以便使用计算机对其进行分析。
（3）对数据进行预处理，如数据清洗、转换、筛选、排序等操作。
（4）数据统计与分析：利用 Excel 提供的数据分析工具对南昌市天气数据进行分析。

10.3 数据预处理

数据预处理主要包括以下操作。

数据清洗：清除重复数据、空值和错误数据。

数据拆分：将数据的一列拆分成多列，如将其中的"风力风向"列拆分为"风力"和"风向"列，将"空气质量指数"列拆分为"空气质量指数"和"空气质量等级"列等操作。

数据筛选：筛选出特定时间段的数据，如夏季、冬季等。

数据排序：按照日期从小到大对数据进行排序。

1．数据清洗

因为研究的是南昌市 2021 年的天气数据，所以要将采集到的天气数据中其他日期的数据删除，只保留 2021 年的天气数据。

2．数据拆分

为了方便分析数据，对从网站中下载的原始数据倒序排列，为了方便分析数据将数据根据日期升序排列，使数据按照 2021-01-01 到 2021-12-31 排列，并对日期、风力风向和空气质量指数的数据进行拆分。利用 LEFT 函数筛选日期字段的前十项的日期部分，生成新字段"日期"；利用 RIGHT 函数筛选风的级别，生成新字段"风力"；利用 LEFT、FIND 函数筛选风向和空气质量指数的数据，生成新字段"风向"和"空气质量指数"。因为导入的原始数据中的最高温和最低温带有温度符号，不能参与计算，所以要利用 LEFT、FIND 函数筛选最高温及最低温数据，生成新字段"最高温"和"最低温"。而且要计算每天最高温与最低温的差值，生成字段"温差"。根据在"空气质量指数"列中通过 LEFT、FIND 函数筛选得到"空气质量等级"列；根据"最高温"与"最低温"两列数据取平均值得到"平均气温"列；"天气"列为原始数据中已有数据。

数据预处理后的南昌市 2021 天气数据样例如图 10-2 所示。

日期	最高温	最低温	风向	风力	空气质量指数	空气质量等级	平均气温	温差	天气
1/1/2021	7	-1	西南风	1级	59	优	3	8	多云~晴
2/1/2021	9	0	东北风	1级	72	优	4.5	9	多云~晴
3/1/2021	9	2	东北风	2级	70	优	5.5	7	多云~晴
4/1/2021	12	6	北风	2级	88	优	9	6	多云~晴
5/1/2021	9	5	北风	3级	115	良	7	4	多云~晴
6/1/2021	5	0	北风	3级	112	良	2.5	5	多云~晴
7/1/2021	2	-3	东北风	4级	103	良	-0.5	5	多云

图 10-2 数据预处理之后的南昌市天气数据样例

10-1 天气数据预处理

10.4　数据分析

南昌市 2021 年天气数据分析可以包括以下内容。

（1）年度天气概况：通过数据预处理后的 2021 年南昌市天气数据包含日期、最高温、最低温、平均气温、温差、风力、风向、空气质量等级等基本气象数据，并将其整理成表格和图表，以便更直观地展示南昌市 2021 年的天气概况。

（2）季节气象趋势：通过对 2021 年天气数据的分析，可以得出南昌市不同季节的气象趋势，如夏季气温高、降雨多，冬季气温低、降雪少等。将这些趋势整理成图表，可以为南昌市居民提供参考。在进行季节气象分析时，1～3 月为第一季度，4～6 月为第二季度，7～9 月为第三季度，10～12 月为第四季度。

（3）月度天气分析：按月份对 2021 年的天气数据进行分析，可以得出每个月的平均气温、最高温、最低温等数据。将这些数据整理成表格和图表，可以为居民提供每个月的天气情况参考。

（4）天气变化趋势：通过对 2021 年的天气数据进行趋势分析，可以得出南昌市天气变化的趋势，如气温逐年升高、降雨量逐年减少等。

（5）天气灾害分析：南昌市常常会受到台风、暴雨等气象灾害的影响，因此对 2021 年的天气数据进行分析非常有意义。可以将南昌市气象局发布的气象灾害数据整理成表格和图表，帮助居民了解气象灾害情况，做好应对措施。

下面分别从年度、季度、月度 3 个角度对天气数据进行分析。

10.4.1　年度天气数据分析

南昌市天气数据分析内容可以包括以下几个方面。

1. 全年空气质量透视分析

进行全年空气质量透视分析应该先设置数据透视图字段（见图 10-3），用日期做筛选，查看各种空气质量等级数量分布情况，按时间查看空气质量等级分布情况，得到图 10-4 所示的透视分析结果，也就是全年空气质量等级分布情况。从图中可见，南昌市 2021 年全年空气质量较好，其中，空气质量为优的天数为 161，空气质量为良的天数为 181，全年有 22 天为轻度污染，1 天为重度污染，总体空气质量较好，优良率约为 93.7%。从空气质量而言，南昌市是个宜居的城市。

图 10-3　设置数据透视图字段

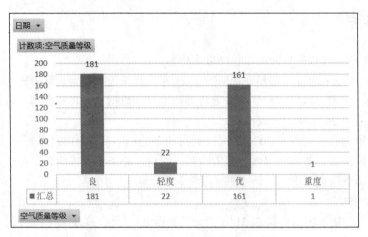

图 10-4　全年空气质量等级分布情况

2．全年空气质量变化趋势分析

从数据表中选中 A 列日期，L 列空气指数，插入图表，选择折线图，可以得到图 10-5 全年空气质量指数变化图。从图 10-5 可以看出，2021 年 1 月份，出现一次重度污染天气，南昌 1 月和 12 月的空气质量指数偏高，其它月份空气质量指数都比较好。从空气质量指数看，6-10 月空气质量最好，最宜居。

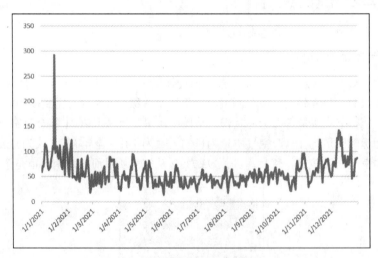

图 10-5　全年空气质量指数变化图

3．全年气温变化趋势分析

从图 10-6 中可以看出，秋季（7～9 月）平均温度最高。

结合上述相关变化图分析可以看出，南昌市在 2021 年的空气质量指数先下降后上升，而月平均气温先上升后下降，两者呈现反相关。另外，从空气质量看，6～10 月空气质量佳；但是从气温看，6～10 月气温高。结合两者看，南昌市在 6～10 月这段时间空气质量好，但是气温高。不考虑气温高的影响（例如，普遍使用空调调节室内气温），可以分析得出南昌市 6～10 月是最宜居的时候。

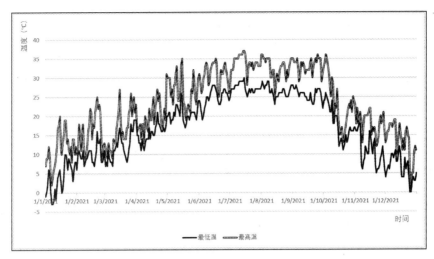

图 10-6　全年气温变化图

10.4.2　季度天气数据分析

通过对历史天气数据的分析，可以得出南昌市不同季度的气象趋势，将这些趋势整理成图表，可以为南昌市居民的生活、工作提供参考。

1. 按季度查看空气质量等级

下面按季度分析空气质量等级。各季度的空气质量等级分布如图 10-7 所示。从图中可以看出，第一季度和第四季度出现空气污染的天气，第二季度和第三季度空气质量非常好。

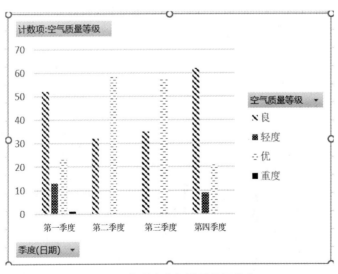

10-2　各季度空气质量等级分布

图 10-7　各季度空气质量等级分布

2. 按季度查看降水情况

下面按季度分析降水情况。在数据透视图中，筛选中雨以上的天气。从图 10-8 中可以看出，全年中，第三季度（7～9 月）降水最多，其次是第二季度（4～6 月）；而且从图中还可以看出，

173

第二季度和第三季度交替之时气温高，容易出现暴雨和雷阵雨天气。由此可以看出，第二季度气温高、降雨多，第四季度气温低、降水少等。

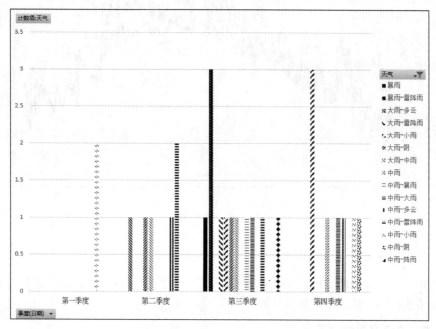

图 10-8　各季度雨水分布

3．按季度察看风向情况

按季度分析南昌市风向情况，各季度风向如图 10-9 所示。从图中可以看出，北风多出现在第一季度和第四季度，且伴随东北风的出现，这两个季度气温低，受北方冷空气影响广泛；而第二季度和第三季度多刮西南风。

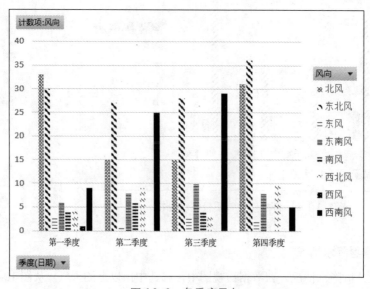

图 10-9　各季度风向

4．按季度查看风力情况

从图 10-10 中可以看出，南昌市 2021 全年以 2 级风为主，第四季度伴有 4 级及以上大风。

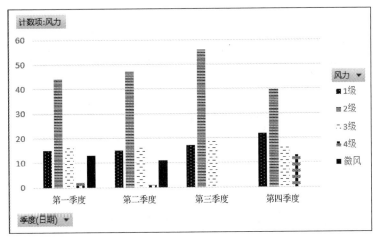

图 10-10　各季度风力

5．按季度查看平均气温

各季度平均气温如图 10-11 所示。第三季度平均气温为 29.78℃，是个炎热的季度；第一季度和第四季度平均气温在 10℃以上，比较暖和。

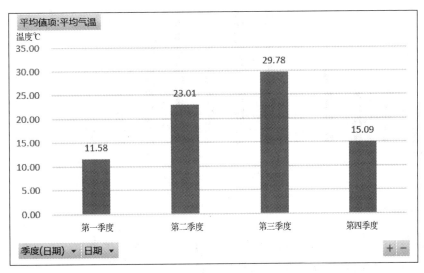

图 10-11　各季度平均气温

10.4.3　月度天气数据分析

1．按月汇总天气数据

由于数据基数大，将数据按照月划分，用分类汇总功能计算每个月的最高温、最低温、平均气温、空气质量指数和温差的平均值等，如图 10-12 所示。

月份	最高温	最低温	风向	风力	空气质量指数	平均气温	温差
1	11.3	3.8			96.1	7.6	7.5
2	16.0	9.9			60.5	12.9	6.1
3	16.6	12.1			55.9	14.4	4.5
4	20.0	15.4			51.4	17.7	4.6
5	26.4	20.6			45.5	23.5	5.8
6	30.8	24.7			41.4	27.8	6.1
7	33.7	27.3			43.0	30.5	6.4
8	32.5	26.5			44.9	29.5	6.0
9	33.1	25.5			53.0	29.3	7.6
10	23.6	17.8			54.7	20.7	5.8
11	18.3	11.1			64.9	14.7	7.2
12	13.3	6.4			87.4	9.9	6.9
总计	23.0	16.8			58.2	19.9	6.2

图 10-12　按月分类汇总的天气数据

2．月平均气温分析

按月对全年天气数据进行分类汇总，进一步分析各月平均气温，结合月平均温差得到图 10-13 所示的结果。

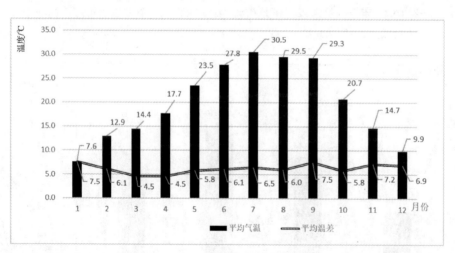

10-3　月平均气温

图 10-13　月平均气温

从图 10-13 中可以看出，南昌市冬季的月均温差大，1 月和 9 月月平均温差最大。南昌市的月平均温差从 1 月的 7.5℃开始下降，到 3 月（4.5℃）出现拐点，3 月、4 月持平，之后基本呈上升态势，到 9 月（7.5℃）达到峰值，10 月下降，11 月再上升。

3．月度气温变化分析

从图 10-14 中可以看出，南昌市月平均最高温、月平均最低温整体趋势相似，两者在 7 月、8 月、9 月都是全年最高的，在 12 月、1 月最低。南昌市的温度从 1 月开始持续升高，到 7 月到达峰值，持续 3 个月的高温，在 9 月开始骤降，之后持续下降。

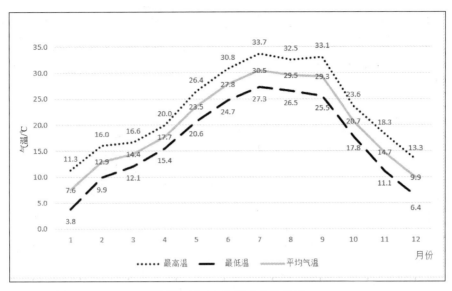

图 10-14 月气温变化趋势图

4. 月度天气分析

按月汇总的晴天天气数据如图 10-15 所示，其数据透视图如图 10-16 所示。利用数据透视表分析全年晴天分布情况，如图 10-17 所示。

计数项:天气	列标签												
行标签	1月	2月	3月	4月	5月	6月	7月	8月	9月	10月	11月	12月	总计
多云~晴	4	1		1		1	4	3	6	1	4	11	36
晴	11	5	2	1	1	2	4	2	13	6	8	2	57
晴~多云	3	1						1	2	2			9
晴~雷阵雨			1						1				2
晴~阴											1		1
雾~晴								1		1		2	4
阴~晴		1	1			2	7	2					13
总计	18	8	4	2	1	5	15	9	22	10	13	15	122

图 10-15 月晴天天气数据

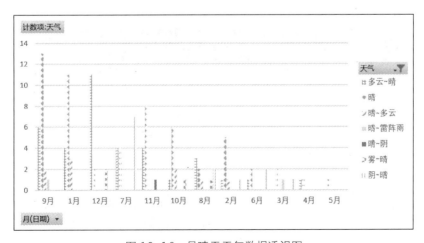

图 10-16 月晴天天气数据透视图

从图 10-17 中可以看出，南昌市 2021 年的晴天并不多，天气预报中完全为"晴天"的天数仅 57 天，含晴的天气也只有 122 天，主要分布 1 月、9 月、7 月、12 月，其中 9 月最多，有 22 天，3 月、4 月、5 月里晴天天数相加只有 7 天（这几个月南昌市处于梅雨季节）。从南昌市 2021 年整体上看，晴天、多云、多云转晴等天气占了大多数。

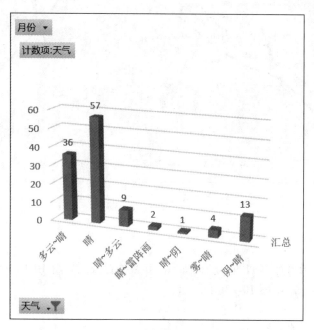

图 10-17　全年晴天分布情况

5．月度风力分析

从图 10-18 中可以看出南昌市 2021 年的月度风力分布情况，结合风力和风向进行分析，可以得出图 10-19 所示的数据透视图。从图中可以看出，南昌市全年以 2 级风力为主，偶见 4 级及以上大风天气。

月份	(全部)					
计数项:风	风力					
风向	1级	2级	3级	4级	微风	总计
北风	2	41	33	11	7	94
东北风	28	64	16	2	11	121
东风	3	5			1	9
东南风	15	15			2	32
南风	6	6	1		1	14
西北风	7	10	5	3	1	26
西风		1				1
西南风	8	45	14		1	68
总计	69	187	69	16	24	365

图 10-18　月度风力分布情况

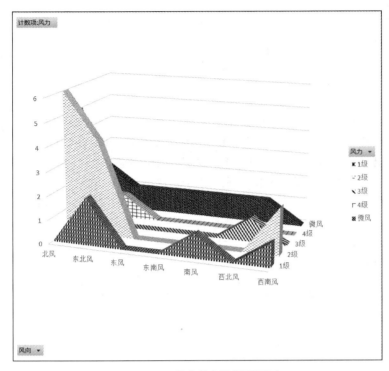

10-4 月度风力
数据透视图

图 10-19 月度风力数据透视图

10.5 结论

从南昌市 2021 年的天气情况看，第二季度和第四季度差异明显。第二季度温度高，空气质量指数低（空气质量好），出现了连续的暴雨、雷阵雨，降水偏多，有效缓解了盛夏高温。第四季度温差大，空气质量指数高，气温低。因此，人们要加强对天气预测的关注度，关注未来天气的趋势，做好充足的准备；相关部门也要加强对天气情况的宣传，特别是加强对极端天气的通知，为人们的生产、生活提供科学的决策信息，最大限度地保障生产、生活安全。

本章习题

请同学们根据本章数据分析实例，查找并获取自己家乡所在城市过去一年的天气数据，利用基于 Excel 的数据处理与分析工具和方法对这一年的天气数据进行处理与分析，并撰写相应的数据分析报告。具体任务如下。

（1）获取自己家乡所在城市过去一年的天气数据。

（2）对下载的数据进行预处理。

（3）对预处理后的数据进行分析。

（4）撰写相应的数据分析报告。

参 考 文 献

[1] 苏林萍，谢萍. Excel 2016 数据处理与分析应用教程[M]. 北京：人民邮电出版社，2019.

[2] Excel Home. Excel 2016 数据处理与分析[M]. 北京：人民邮电出版社，2019.

[3] 柳扬，张良均. Excel 数据分析与可视化[M]. 北京：人民邮电出版社，2020.

[4] 韩春玲. Excel 数据处理与可视化[M]. 北京：电子工业出版社，2020.

[5] 姚梦珂. Excel 数据处理与分析——数据思维+分析方法+场景应用[M]. 北京：人民邮电出版社，2021.

[6] Excel Home. Excel 数据处理与分析应用大全[M]. 北京：北京大学出版社，2021.

[7] 羊依军，三虎. Excel 数据分析方法、技术与案例[M]. 北京：人民邮电出版社，2022.

[8] 苏林萍，谢萍. Excel 2016 商务数据处理与分析[M]. 北京：人民邮电出版社，2022.

[9] 郑小玲，王静奕. Excel 数据处理与分析实例教程[M]. 北京：人民邮电出版社，2023.